U0946714

养心

——人生的心法

陈希 著

華夏出版社
HUAXIA PUBLISHING HOUSE

图书在版编目（CIP）数据

养心：人生的心法/陈希著．—北京：华夏出版社，2013.7
ISBN 978－7－5080－7686－7

Ⅰ．①养…　Ⅱ．①陈…　Ⅲ．①人生哲学－通俗读物　Ⅳ．①B821－49

中国版本图书馆 CIP 数据核字（2013）第 136578 号

养心：人生的心法

作　　者　陈　希
责任编辑　刘淑兰

出版发行　华夏出版社
经　　销　新华书店
印　　刷　三河市李旗庄少明印装厂
装　　订　三河市李旗庄少明印装厂
版　　次　2013 年 7 月北京第 1 版　2013 年 8 月北京第 1 次印刷
开　　本　670×970mm　1/16 开
印　　张　12.25
字　　数　140 千字
定　　价　28.00 元

华夏出版社　网址：www.hxph.com.cn　地址：北京市东直门外香河园北里 4 号　邮编：100028
若发现本版图书有印装质量问题，请与我社营销中心联系调换。电话：（010）64663331（转）

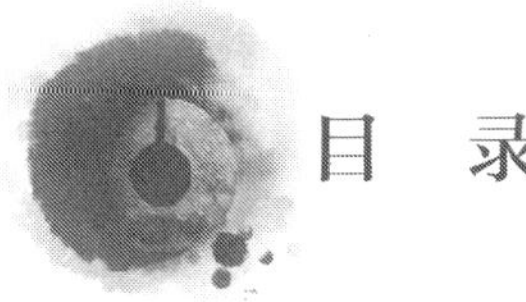

目　录

德者必有言　仁者必有勇

（代序）

韩望喜

几年前我第一次见陈希，是她邀我一起做电台节目。如今节目播了很多期，我成了周末直播间的常客，与陈希，也与许多听众结下了深厚的友谊。我时常想，也许我们这档节目可以叫做《希望对话》？

每次与陈希做节目，都好像是在与她的灵魂对话。子曰："礼云礼云，玉帛云乎哉？乐云乐云，钟鼓云乎哉？"礼，有着非凡内涵；乐，有着无限意蕴。广播是什么？言语是什么？它若饱蘸墨痕，却不见心灵的血痕，又岂能感动人？如果言语是从心灵的清泉中来，它的丰富和绚烂岂不止是心灵美好的写照么？

陈希正是心灵极其澄澈，对广播与人生的关系深有领悟的人。

陈希是求道的人。古人言：文以载道，声以传情。十多年来，她在理论节目、校园节目、经济节目、访谈节目、新闻时政节目中穿梭，探求社会之道、经济之道、生命之道、生活之道。"夫天地者，万物之逆旅；光阴者，百代之过客也。"人，这世间的客旅，如何能观古今于须臾，抚四海于一瞬？如何能在流变的红尘中窥见永恒，在荒芜的旷野中结出丰盛果实？一任灵魂在黑暗中昏昏入睡，无论人与文，都不会有光芒。而陈希主持节目，别有一番领悟，一番追求，无论经世济道，还是政论学问，皆上下求索，言简意深，追求生命上的领悟。这是人生的境界，亦是艺术的境界。

陈希是有爱的人。对家人的珍爱，对他人的关爱，对事业的挚爱，充实她的内心。古人云：人者，仁也。仁爱之道，大道也。道不远人，道若不与人的生命和生活相结合，就不是道。人须弘道，将个体的血肉生命与道相连，去接纳，去关怀。生活何等丰富，“仰观宇宙之大，俯察品类之盛”，然而，是什么触动我的灵魂，令我流泪和颤栗？康德说，一幅作品，可能很完整，但是，却没有精神，没有灵魂。何为灵魂，何为精神，就是其中的仁与爱，就是那动人之处啊。陈希主持过许多节目，尤以主持《深圳事大家议》、《民心桥》这些时政类节目广为人知，并非她声音何等甜美，她深入人心的力量是她的道德，她的仁义。她对民生极其关注，事情或大或小，民情或喜或怨，她都用极强的爱心去倾听，以极大的勇气去呼吁；在主持《理论与实践》这样的理论节目时，又追本溯源，求物之本末，事之终始。当初她接手做《理论与实践》时，曾与我商议要多关注现代人的生活困境和精神焦虑，于是我们做了很多期《心灵之旅》，讲心灵的脆弱与坚强，污染与纯洁。原以为抽象的道理没人愿听，实际上有心的听众不少。像我们做的《平安》、《生命的喜悦》、《关爱与生命》、《博大的爱》、《慷慨》、《责任》等等，都很受听众喜爱，两次获得了广东省理论宣传一等奖。平心而论，真的要感谢陈希的主持。她的敏锐发问、清晰理路、广博知识以及设身处地的慈悲心肠，是这个节目受听众好评的关键。

陈希是刻苦的人。自工作以来，几乎每年均有作品获奖，她是深圳广电集团首席主持人，全国优秀新闻工作者。她本是经济学的硕士，又刻苦自修，培训学习，不断拓展知识面，使得她主持政论节目得心应手，主持经济节目头头是道，主持理论节目能够探幽发微。她博闻强记，反应敏捷，而尤为让人感动的，是时时刻刻的虚心学习、观察、发问。我常感叹，在这世间，若不发愿研修，自苦心志，是不易获得成功的。陈希学习既广，体验又深，也非常善于表达，主持风格自然、得体、大方，该犀利则犀利，直指人心；该亲切则亲切，春风拂面；追问时不留情面，体谅处以心传心，同时在调查研究、发现问题方面思路清晰，逻辑严整，显示了她深厚的才华和造诣。

陈希是真诚的人。圣·奥古斯丁在其传世之作《忏悔录》中说："我内心的良医，请你向我清楚说明我撰写此书有何益处。"我如今写这一篇短文，只想发出这样的感叹：做广播，并非浮华之人能胜任。你与听众在电波中相遇，不见其人，不谋其面，只用一颗心来相通，何等奇妙，何等困难！你若用十指来弹琴，或许人不知你心弦的波动，但你用声音来倾诉，何曾来得半点虚情假意？陈希的可贵之处在于她素其面而真其心，可见正心诚意才是一切的开始啊！这本书的写作，正如她对听众坦言的那样：我们所做的一切，只是为了使大家生活得更美好！

第一章

灵魂的转向

在这个世界上，什么最重要？

几千年前，孟子是这样问齐宣王的。王啊！征战四方，称霸天下，是为了肥美的食物不够吃吗？是为了轻暖的衣服不够穿吗？是为了艳丽的色彩不够看吗？是为了美妙的音乐不够听吗？以征战来称王天下，去满足自己此生的愿望，是缘木求鱼。

几千年前，柏拉图也是这样问他的学生：是这个世界更真实，还是你的灵魂曾经窥见的理念世界更真实？这好像在问门徒，是你所见的水中之月真实，还是浩渺天际的明月更真实呢？而真实的明月并不在此界。

柏拉图说，灵魂更真实。如果灵魂更真实，我们的任务是应当照料肉体，还是照料灵魂？当然，照料灵魂是人的最高使命。

灵魂啊！本是从本体世界而来的，是因为受肉体的束缚而不知道自己的本性在哪里。关于灵魂的爱，在《柏拉图文艺对话集》中有一段刻骨铭心的话：每个人的灵魂，天然地曾经观照过永恒真实界。但是从尘世事物来引起对于上界事物的回忆，这却不是凡是灵魂都容易做到的，凡是对于上界事物只暂时约略窥见的那些灵魂不易做到这一点，凡是下地之后不幸习染尘世罪恶而忘掉上界伟大景象的那些灵魂也不易做到这一点。剩下的只有少数人还能保持回忆的本领。

正义、智慧以及灵魂所珍视的一切在它们的尘世仿影中都黯然无光，只有极少数人借昏暗的工具（指感官），费极大的麻烦，才能从仿影中见出原来的真相。过去有一个时候，美本身看起来是光辉灿烂的，因为那时我们还保持着本来真性的完整，我们所看到的景象全是完整的、单纯的、静穆的、欢喜的，沉浸在最纯洁的光辉之中让我们凝视，而我们自己也是一样纯洁，还没有束缚在肉体里，像一个蚌束缚在它的壳里一样。

回忆！回忆！人类的一切知识取决于灵魂对于前世所见的理念的回忆。那些有关正义、勇敢、节制、善良、友谊等美德的知识和定义，并不是我们后天获得的，而是人在出生之前原来的灵魂就具有的本性和知识。这些本来就存在于人们心灵里的知识和定义，由于灵魂投身肉体而变得模糊颠倒了。人要“认识你自己”，唤醒人们灵魂里原本就有的善和知识。

这里说的是“唤醒”。难道在我的灵魂里沉睡着什么吗？

在柏拉图看来，是什么使我们对于天生的知识的回忆变得模糊呢？是肉体，肉体是灵魂的“牢笼”。柏拉图深知，对于人来说，认识理念世界是困难的，因为它要求限制肉体的享乐。柏拉图在《斐多篇》中说：“好像有一条小路引导我们产生下述思想，即当我们具有肉体，而且我们的灵魂还不能同这个肉体分离时，我们就不能完全控制我们欲望的对象。正如我们所断言的那样，这个对象是真实的。实际上，肉体不仅给我们带来万千麻烦，——因为肉体必须有食物，而且还要使我们经常患病，而任何一种疾病都妨碍我们体察生活。肉体使我们充满了愿望、情欲、恐惧和一大堆形形色色的荒谬的主观幻想，请相信我的话，其结果是我们实际上完全不可能认真地考虑任何东西！谁是战争、叛乱和争斗的罪魁？不就是肉体及其情欲吗？因为一切战争的发生都是由于探求财富，然而恰恰是我们奴隶般地为之服务的肉体使我们探求财富。”

柏拉图认为，人的灵魂由三个部分组成，理性（爱智）、激情（爱胜）和欲望（爱利）。灵魂所特有的东西是精神或理性，激情的部分包括情感和意志。他讲了一个很有名的故事，他以理性驾驭两匹马的比喻来说明理性、激情和欲望这三者的关系，其中一匹马奋力升向理念王国，另一匹马则竭力把车子拉进人间。灵魂的这种分裂的本性，大约每个人都能体会吧！

柏拉图的故事讲得很美：“从这故事的开始，我把每个灵魂划分为三部分，两部分像两匹马，第三部分像一个驾驭车的人。你也许还记得，这两匹马之中一匹驯良，一匹顽劣。头一匹马占据较尊贵的位置，样子颀美，身材挺直，颈项高举，鼻子像鹰钩，白毛黑眼。它爱好荣誉，谦逊和节制，因为懂事，要驾驭它并不需要鞭策，只消劝导一声就行。至于顽劣的马恰恰相反，庞大，拳曲而丑陋，颈项短而粗，面庞平板，皮毛黝黑，眼睛灰土色里带血红色，不规矩而又骄横，耳朵长满了乱毛，又聋，鞭打脚踢都难得使它听调度。那匹良马知廉耻，在难为情地反抗着，而那匹劣马却不知廉耻，朝着肉欲的宴席急驰。它的主人和马伴起初对它所怂恿的那种违法失礼的罪行都愤然抗拒，可是后来被它闹得不休，也就顺从了它，让它带着走，做它所怂恿的事了。”

这样看来，人之所以不知道真正的美德，是因为他为肉体的和自私的欲望所累，正朝着肉欲的宴席疾驰。这岂不是沉沦吗？

什么能使我们的灵魂转向？西方诉诸理性，人要真正地做到正直，灵魂的各个部分要一致，要成为一个整体。如何成为一个整体？那就是要听从理性的指挥！要使人的灵魂的每一部分都协调一致，激情和欲望都要听从理性的指挥，只有这样，灵魂才能转离这个世界，转向它本真的状态，这就是灵魂的回忆！这就叫灵魂的转向！回忆起早已瞥见但却忘记了的东西。为了做到这一点，人应当追求理性，回归正道。

中国哲学寻找心。直指人心。

良知啊！是人的本心。大儒王阳明一日出游，看见田间的禾苗茁壮，“能几何时，又如此长了。”他的学生答道：“此只是有根。学问能自植根，亦不患不长。”先生说：“人孰无根？良知即是天植灵根，自生生不息，但着了私累，把此根戕贼蔽塞，不得发生耳。”

人是天地的心。人的心是天植的灵根。

有了这颗心，人人是否有了成为圣人的根基？

曹交问曰：“人皆可以为尧舜，有诸？”孟子曰：“然。”“尧舜之道，孝弟而已矣。子服尧之服，诵尧之言，行尧之行，是尧而已矣。子服桀之服，诵桀之言，行桀之行，是桀而已矣。”（《孟子·告子下》）

既然人心有成圣的根基，好像一阐提可以为佛，为何时见人心性发生偏差，离尧舜之道甚远呢？若人心原本是善的，为何人间有不善之事呢？

孟子谓高子曰：“山径之蹊间，介然用之而成路；为间不用，则茅塞之矣。今茅塞子之心矣。”（《孟子·尽心下》）

山中的小路与外隔绝，但常走就成了路；要是有一段时间不去走，就会被茅草堵塞。现在茅草堵塞你的心了。难道不需要时时拂拭你的心吗？难道不要呼唤你的本心吗？

堵塞了，因为有本源，所以还是可以唤回本心，唤醒本源。

在《告子上》中，孟子曰：“牛山之木尝美矣，以其郊于大国也，斧斤伐之，可以为美乎？是其日夜之所息，雨露之所润，非无萌蘖之生焉，牛羊又从而牧之，是以若彼濯濯也。人见其濯濯也，以为未尝有材焉，此岂山之性也哉？虽存乎人者，岂无仁义之心哉？其所以放其良心者，亦犹斧斤之于木也，旦旦而伐之，可以为美乎？其日夜之所息，平旦之气，其好恶与人相近也者几希，则其旦昼之所为，有梏亡之矣。梏之反覆，则其夜气不足以存；夜气不足以存，则其违禽兽不远矣。人见其禽兽也，而以为未尝有才焉者，是岂人之情也哉？故苟得其养，无物不长；苟失其养，无物不消。孔子曰：‘操则存，舍则亡；出入无时，莫知其乡。’惟心之谓与？”孟子说：‘牛山的树木曾经是很茂盛的，但是由于它在大都的郊外，人们经常用斧子去砍伐，还能够保持茂盛吗？当然，山上的树木日日夜夜都在生长，雨水露珠也在滋润着，并非没有新枝嫩芽长出来，但随即又有人赶着牛羊去放牧，所以就变得光秃秃的了。人们看见它光秃秃的样子，便以为牛山从来也不曾有过高大的树木，这难道是这山的本性吗？就人性来说，难道就没有仁义之心吗？人们失去良心，就好像用斧头砍伐树木一样，天天砍伐，还可以保持茂盛吗？良心反复窒息，便使他们的仁义之心难以保存，不思量仁义之心，也就和禽兽差不多了。人们见到这些人的所作所为和禽兽差不多，还以为他们从来就没有过天生的善良之心，这难道是人的本性如此吗？所以，假如得到滋养，没有什么东西不生长；假如失去滋养，没有什么东西不消亡。孔子说过：‘把握住就存在，舍弃就失去；来去没有一定的时间，也不知道它去向何方。’这是说的人心吧？”

人是多么软弱啊，心时时放逸而不知回归。灵魂的转向，心的转向，就是求回放逸之心。孟子说，放逸自己的本心而不知道去找回来，那是多么悲哀的事情！乡下人清晨有走失鸡狗的，傍晚都知道去寻回，人丢失了本心，丢弃了善良之心，却不知去寻回。人生在世，安身立命，就是去寻找人所失去的本心啊！在孟子看来，耳目之官和心之官相比较，心更重要。因为耳目之官不思，心之官则思。思则得之，不思则不得。耳目是小体，心是大体。从其小者为小人，从其大者为大人。从耳目之欲，远不如充实其心。

这是灵魂的转向吗？西方在寻找天上的甘霖，东方人在寻找心中的甘泉。

我每天做节目的时候，要接大量的电话。有少数朋友处在困境的时候总是不去自我反省，即使明知道自己做错了，也会找一些理由来推脱。

君子的心性首先要“求诸己”，一定要审问自己的内心，我做得怎么样？审问了自己的内心，正心诚意之后，才能了悟和判别自己的行为是怎么样的，才能正确理解心与物的关系。

孟子有三句话：“夫人必自侮，然后人侮之；家必自毁，而后人毁之；国必自伐，而后人伐之。”“夫人必自侮，然后人侮之”，你堂堂正正做人，人家怎么会无端指责你呢？“家必自毁，而后人毁之”，家非常和谐，固若金汤，别人来破坏是很难的，而一旦出现了裂痕，就不可收拾了。“国必自伐，而后人伐之”，国家治理得好，国富兵强，外面是打不进来的，为什么有的一夜之间垮台了呢？因为你治人不治，自身丧失了存在的依据和理由了，让人家不战而胜。所以，古人说："天作孽，犹可违；自作孽，不可活。"如果是因为外界的因素还可以挽救，亡羊补牢，犹未晚也；如果完全有意做坏事就不可活了，没法子成长了，你自己阻碍了生命的成长。所以，君子一定是要"求诸己"的。既然是"求诸己"，那我的生命就往健康、美好、善良的方向发展吧。人如何才能由心而发，实现自己最大的价值呢？就像孟子说的要充实"仁、义、礼、智"这四心。

在"仁、义、礼、智"四心之后有一句话，孟子曰："知皆扩而充之矣。若火之始然，泉之始达。"仁、义、礼、智这四心，初时，就像火苗刚刚点燃，泉水刚刚涌出一样的。刚刚涌出只有小小的端倪，你怎么把它扩展？孟子曰："苟能充之，足以保四海。""苟不充之，不足以事父母。"这四心就像火刚刚点燃，泉水刚刚喷涌出来一样啊，多么珍贵啊！要能够认识到它，能够扩充它，就一定能安定天下；如果不愿意扩充，就是连父母也赡养不了啊。我们想想，一个孩子生下来抱在怀抱里的时候，就像孟子说的是有善根的，就像那点点的火苗，点滴的泉水。燎原之火从这里开始，浩瀚之水从这里迸发。这样的情况下，会有两种父母：一种父母因为孩子的良知是点滴的泉水就会保养他，雨露滋润他，从小教养他，遇到事情开导他，慢慢之后他就知道走正路，健康成长。另一种父母不知道教育孩子的道理，不知道人生的道理，遇到事情蛮横无理，比如孩子与人打架，不去辨别是非，教导宽容，反而怂恿孩子不把对方灭了就不是男子汉。如此，在孩子的心性中就会觉得打杀是正确的，任其发展，必然身亡，连父母也赡养不了。所以，孟子说的是很真切的。我记得《颜氏家训》里有这样一个故事，一位父亲很疼爱自己的儿子，若孩子说了一句聪明的话，恨不得路人都知道，若说了一句放肆的话，便捂着盖着，也不教训，最后，这个孩子长大后因出言不逊被周逖抽肠衅鼓！（“梁元帝时，有一学士，聪敏有才，为父所宠，失于教义：一言之是，遍于行路，终年誉之；一行之非，揜藏文饰，冀其自改。年登婚宦，暴慢日滋，竟以言语不择，为周逖抽肠衅鼓云。”）今天的父母难道不应该警醒吗？我们在关心孩子身体成长的时候，有没有关注他们心灵的成长？毕竟，价值观是第一位的，如果孩子的善根泯灭，而劣性张扬，做父母的应不应该自责？

在儒家看来，人心并非是空虚无物的，心性的生长必须在“事上来磨”。小到教子，大到治国，其道理是一样的。刚才所讲的这些道理，应该说都不会过时。在《孟子》里面有大段内容是跟君主讨论治国之道，讨论君臣关系的。很多朋友认为这离我们的时代太过遥远了，但是只要扪心想一想，他所讲的很多治国的道理，未必现在就不能用了。

孟子讲了许多人与人之间的关系，比如君臣父子夫妇兄弟朋友，如何相处，人和人之间是一种什么样的心态，才能够和谐呢？

将心比心，以心传心。时代变了，君臣关系现在没有了，但怎么样去处理上下级地位不同的人的关系，使大家和谐相处，还是很重要的。你在任何一个地方，任何一个单位，都有这种层级之间的区别，不是尊卑的问题，而是有上下的关系，有主管和员工的关系。怎么去处理好这些关系，其实也很简单，孟子说以心传心，去体会别人的心。孟子和齐宣王有这么一段对话，很有启发。孟子告齐宣王曰："君之视臣如手足，则臣视君如腹心；君之视臣如犬马，则臣视君如国人；君之视臣如土芥，则臣视君如寇雠。"讲得很有道理。如果君王将臣子当做自己的手足，臣子就会觉得君王如肺腑般珍贵；如果君王把臣子当犬马来使用，比手足差很多了，只有使用，没有贴心的感觉，那臣子就视君为陌生人了；如果君视臣为土芥，随便可以处死，随便可以踩死，那臣就视君为寇仇，觉得你就是我的敌人，是我的仇人。虽然我们现在没有君臣，但是这个道理我们还是要清楚的。无论我们怎么管理员工，奖励也好，责罚也好，你心里要怀着"爱"，不能苛责。因为一个人服从另外一个人，真正的服是心服。我们都说"心服口服"，有的人是口服心不服。你要人"心服"必须施行仁义之道。所以，孟子曰："以力服人者，非心服也，力不赡也。""以德服人者，中心悦而诚服也，如七十子之服孔子也。"因为害怕强力而服你的，不是真心服你的，只是因为他的实力暂时不如你而已，他没有办法，委曲求全；只有依靠仁德让人感佩的，才是真正的心悦诚服，就像七十贤人信服孔子一样啊。这对我们很有启发。所以，孟子曰："不仁而得国者有之矣。不仁而得天下，未之有也。"不行仁义得到国家的有，你不行仁德而使天下归心，那是从来没有过的啊。

在《尽心上》中孟子曰："仁言不如仁声之入人深也，善政不如善教之得民也。"特别强调教化，强调感召力，认为良好的政治措施不如良好的教化更赢得人心。他指出，君子之乐，乐在道大，乐在教化。"君子有三乐，而王天下不与存焉。父母俱存，兄弟无故，一乐也；仰不愧于天，俯不怍于人，二乐也；得天下英才而教育之，三乐也。君子有三乐，而王天下不与存焉。”可以理解为，君子有三种快乐，而称王天下不在其中。第一乐是父母皆健在，兄弟无灾难变故；第二乐是上不愧于天，下不愧于人；第三乐是得到天下优秀人才来教育他们。君子有三种乐趣，而称王天下不在其中。第一是乐在父母亲情，中国人很讲究家庭观念重视亲情，父母要敬，兄弟是手足。第二是乐在自己内心无愧无疚。我们常说君子无忧，就是指内心无疚。无一不可天知，无一不可对人言也。第三个乐是乐在办学，为往圣继绝学，为万世开太平。君子三乐可以看做是心灵的纯洁，灵魂的喜悦，传道之乐，理义之乐。好比孔子、孟子一生都在做办教育的事情。富之，教之，这才是圣人君子之乐，看到人逸居而无教，近于禽兽，则是圣人之忧。其实人的幸福、快乐很容易得到，这三种平易宁静的快乐，用心领会，并非遥不可及啊。圣人并没有要求我们称王天下，知道那种情形是“非不为也，实不能也”，我们把能做到的做好，把当尽到的心尽好，生活就是平静而快乐的。孟子说：虽然君临万国，富有四海而为天下之王，那种君王的尊荣之乐，还不在我所说的这三种快乐之中。我想的是普通人的快乐，家庭的幸福，内心的坦荡，圣道的传承。这是我们每个人应该得到的三个快乐。

孟子教我们快乐是由心而发的，无需外求。所以，我们怎么才能激发心中的快乐，身心盎然呢？孟子曰：“万物皆备于我矣。反身而诚，乐莫大焉。”我的整个心性是立在大道之上，诚者天之道，思诚者人之道。你在世界上经常反省自己的内心，觉得自己立在大道之上了，宇宙天地和我在一起了，我还不快乐吗？我拥有的还不多吗？人们以为拥有一个别墅就快乐，天下就在我心里，比你的别墅大多了。人们以为天天数钱就快乐，其实我已经是富有四海了，天下万物都在我的心中，还不感到快乐吗?

灵魂的转向，是身心真正地转向理性、良善、宁静、幸福和悦乐。

第二章

养心之道

天下有道吗？这世界有主宰万物的逻各斯吗？人有本性吗？人应当做合乎本性的事吗？

天下有道，道在人心。

天下如果有道，心灵就不会焦虑。人要安心，须把心性立在道上。如此，才能在任何时候，把自己看成是自给自足的，才能在各种变化和际遇中不影响自己的存在，不为任何东西所左右，所束缚，在任何环境里欢愉如常。如曾国藩所言："若将富贵贫贱死生，置之度外，是养心第一法。"

有三种养心之道。一是佛家"来去自由，心体无滞"的养心之道；一是道家"物物而不物于物"的养心之道；一是儒家"仁者与天地万物为一体"的养心之道，这三重境界都是对人生世相的明哲思辨和潇洒情怀，对处在焦虑中的人们具有吹散迷雾的意义。

禅宗的二祖慧可曾对达摩祖师说："我的心还没安，怎么办？请师父给我安心！"达摩对他说："你拿心来，我给你安！"这是达摩的安心之教。

儒家的圣人孔子，他的人生理想是"老者安之，朋友信之，少者怀之"。对老者敬重，养之以安，对朋友诚实，与之以信，对少者关切，怀之以恩。这是儒家的安心之教。

道家的庄子说："大泽焚而不能热，河汉沍而不能寒，疾雷破山而不能伤，飘风振海而不能惊。"凡人有一颗天心，这是道家的安心之教。人，怎样才能如此安心？大火焚烧漫延，我不惧怕它的热吗？江河冰封凝结，我不惧怕它的寒吗？疾雷破山，我心不惧吗？飘风振海，我心不惊吗？我如何能做到这一点呢？而不是说万物都能够牵引我，使我心动呢？你有什么定力在这里，使你能够顶天立地呢？作为一个凡人，我从高处跌下，我不会受伤吗？你用刀砍我，我不会流血吗？你伤我的心，我不会流泪吗？我一样会的。但是，就是这么一个凡人，如何有一颗天心呢？如何有惊人的力量呢？如何能够面对刀剑而不眨眼呢？能够面对一切波折而不害怕呢？是因为他的心一定是站在磐石上，不是站在流沙之上；他的心里一定是有尺度，心中一定有坚守。不怕热，不怕寒，不怕惊雷，不怕飘雪，一定不是在肉体上，而是在心灵上，在内心的情感上。人要安心，须把心性立在道上。如此，才能在任何时候，不为任何东西所左右，在任何环境里，稳如磐石，心安如常。

"养心"须懂得"不动心"。

孟子说，"吾四十而不动心"。为何不动心？为何安心？只因君子的心性立在仁义大道上。孔子说，"吾道一以贯之"，孟子说，"夫道一而已矣"。孔子说的是仁爱之道，忠恕之道，孟子亦然。然则行仁义之道，并非易事，对君子的心性有很高的要求，贫贱时如何，富贵时如何？穷时如何，达时又如何？邦有道时如何，邦无道时又如何？

孟子说："仁义礼智根于心。"君子的本性，即使显贵通达也不会增益，即使穷困隐居也不会减损。有了内心的这种定力，心灵的力量就非常强大了，一心就能面对万物了。孟子有一段很有名的话："说大人则藐之，勿视其巍巍然。堂高数仞，榱题数尺，我得志，弗为也；食前方丈，侍妾数百人，我得志，弗为也；般乐饮酒，驱骋田猎，后车千乘，我得志，弗为也。在彼者，皆我所不为也；在我者，皆古之制也，吾何畏彼哉！"这句话给了我们多大的启发啊：行仁义，乃行天下之大道。得志，推行仁义之道；不得志，固守仁义之道。富贵不能荡其心，贫贱不能变其节，威武不能挫其志。岁寒，然后知松柏之后凋也。这才是大丈夫，心安不动。而这，需要多大的勇气，多么坚强的心性，需要多么大的定力啊！在任何环境安之若素，保持一颗不动之心、坚韧之心，对个人修为的要求多么深啊！

养心要读懂"流变"二字。

"子在川上曰，逝者如斯夫，不舍昼夜。"孔子看到水在流啊，不禁感叹：生命的时光啊，就像流水一样的流逝去了啊，日夜不停地流去了！它可曾回来？它不曾回来。你看我们的青春，可曾回来了？如果你要懂得心与物的关系，首先就要在生活中读懂"流变"二字，在"流变"的世界寻得"安顿"二字！知道世界是流变的，发现世事无常，你的心反倒定了，异乎寻常地平静、安详。不管什么样的命运，不管外界发生了什么，有智慧的人都能以心灵的不变对待外界的万变，从而保持平稳柔和的心境。世界万物都在生生灭灭，人的生命都有顺境有逆境，有坎坷有幸福，有大富大贵，也有穷途末路。在流变之中，在颠沛之中，我们的身体也许暂时可以寻得安顿之所，可是我们的灵魂，在什么地方去安顿呢？我们的灵魂、我们的心有没有一个地方叫做安身立命之所呢？有没有一个地方，可以放我的心，安我的心呢？唯有对这个世界的彻悟，唯有心性立在道上，才有心灵的归宿。古希腊的哲学家赫拉克利特说：“一切事物都是有限的，世界只有一个，它是由火产生的，经过一定的时期后又复归于火，永远川流不息。”世界是永恒地流转着的火。但是流变之中有“道”，有“逻各斯”。儒家说，道者，不可须臾离也。可离非道也。不可在须臾之间、颠沛之间离开的道啊！养心安心的过程其实就是求道的历程。儒家的“仁者以天地万物为一体”，道家的“物物而不物于物”，佛家的“来去自由，心体无滞”这三重境界，反身而诚，由物到心，在立身、处世、为学等等方面对境治心，对于处在焦虑中的人们有着深刻的现实意义。

道家的道是天地之道。在《道德经》第二十五章上说：“有物混成，先天地生。寂兮寥兮，独立不改，周行而不殆，可以为天下母。吾不知其名，字之曰道，强为之名曰大。大曰逝，逝曰远，远曰反。故道大、天大、地大、人亦大。域中有四大，而人居其一焉。人法地，地法天，天法道，道法自然。”

原初大道，先于天地而存在。既无声音，亦无形体，它独立无匹，永恒常在，无所不至，永不停息，可以作为天地万物的根源。这就是“道”。人取法于地，地取法于天，天取法于“道”，“道”纯任自然。道是宇宙总的法则，它无偏无私，周遍万物，万物才得以按照本性生长、发展，生生不息。

若人们按照道家的“道”来生活，那将会见到怎样的无极广大的世界呢？又会怎样调节自己的认知和身心呢？

道家的“道”也是生命之道，是关于身心自由的逍遥之道。庄子在《秋水》中描绘了这种境界。秋水时至，百川灌河。泾流之大，两涘渚崖之间，不辨牛马。于是焉河伯欣然自喜，以天下之美为尽在己。顺流而东行，至于北海，东面而视，不见水端。于是焉河伯始旋其面目，望洋向若而叹曰："野语有之曰：'闻道百，以为莫己若者。'我之谓也。"

秋天的洪水随着季节涨起来了，千百条江河注入黄河，水流巨大，于是乎黄河之神河伯沾沾自喜，以为天下之美，天下的辽阔和雄伟全集中在自己这里了。可是当他顺流而下，东流到了北海，见到北海之神若，他才知道大海是多么的辽阔，天下之大美是怎样的壮观。于是乎河伯一改他洋洋自得的面目，面对浩渺无边的大水，对海神若叹息自己的浅陋。

其实我们很多时候都是河伯，自我感觉非常良好，直到遇到辽阔的大海，才知道自己不足道，羞愧难当。

请记得北海之神讲的三句话！北海之神说："井蛙不可以语于海者，拘于虚也；夏虫不可以语于冰者，笃于时也；曲士不可以语于道者，束于教也。今尔出于崖涘，观于大海，乃知尔丑，尔将可与语大理矣。天下之水，莫大于海：万川归之，不知何时止而不盈；尾闾泄之，不知何时已而不虚；春秋不变，水旱不知。此其过江河之流，不可为量数。而吾未尝以此自多者，自以比形于天地，而受气于阴阳，吾在天地之间，犹小石小木之在大山也。方存乎见少，又奚以自多！计四海之在天地之间也，不似礨空之在大泽乎？计中国之在海内不似稊米之在大仓乎？"

井底之蛙，不可与它谈论大海，是因为它的眼界和见识受到狭小环境的局限啊！终生不能突破眼界心量空间的局限，多么可怜。那只活了一个夏天的虫子，不可与它谈论冰雪的寒冷，是由于它的眼界见识受着生存时间的制约。人要通融、通达，要经历春夏秋冬，尝遍酸甜苦辣，要体会冰的寒冷！对见识浅陋的人，不可与他谈论大道，是由于他的眼界受到教养的束缚。只有大智慧的人闻道，才会“朝闻道，夕死可矣”；才会“上士闻道，勤而行之”，下士闻道，只会大笑，因为他心胸不够，视野不够，境界不够。如今你走出了河岸，看到了大海，知道了自己的浅陋，这就可以与你谈论大道了。天下的水，没有比海更辽阔的了。万千江河汇入大海，不知何时止息，大海远胜过江河无数，但是我从未因此而自我夸耀过，因为我认为，我在天地之间，犹如小石小树置身大山一样，正因为我看到了自己的渺小，又怎么会自我夸耀呢？

庄子讲的道理非常深刻，他讲的其实是人的眼界和心量。天地广阔，时空无穷，生命短促，得失没有一定。人以什么为重？“夫物，量无穷，时无止，分无常，终始无故。是故大知观于远近，故小而不寡，大而不多：知量无穷。证向今故，故遥而不闷，掇而不跂：知时无止。察乎盈虚，故得而不喜，失而不忧：知分之无常也。明乎坦涂，故生而不说，死而不祸：知终始之不可故也。计人之所知，不若其所不知；其生之时，不若未生之时；以其至小，求穷其至大之域，是故迷乱而不能自得也。”

万物无穷无尽，时间没有止境，得与失没有不变的常规，事物的终始也不是固定不变的。真正的大智慧，是明察古今之事，知道时间无穷，洞悉物有盈有虚，月有阴晴圆缺，大海有潮起潮落，因而，得到不感觉到惊喜，失去了也不会忧伤：因为得与失是没有一定之规的。大道的运行自有其规律，生，不是因为道的仁慈；死，不是因为道的暴戾。一切从大道而来，又复归于大道。凡人要有一颗天心，惯看天下之物生生死死，成成毁毁，本无所谓生，也无所谓死；本无所谓成，也无所谓毁；本无所谓得，也无所谓失；本无所谓喜，也无所谓忧。与万物同游，与时俱推，与时俱变。懂得了大道，生在世间不感到喜，死离人世不认为是祸。人生如白驹过隙，瞬间而已，他生存的时间，远远不及他不在人世的时间长。人啊，以有限的人生，用有限的智慧，去探究无穷尽的未知，只会使人内心迷乱而不自在。在庄子看来，在整个宇宙之中，量无穷，时无止，分无常。事物的发展是一盛一衰，一生一死，变动不常的，人不必为了自己的一时得失和生死而过度劳神或悲伤。庄子曾说，在水里行进而不躲避蛟龙的，是渔夫的勇气；在陆上行走而不躲避犀牛老虎的，是猎人的勇气；面对寒光闪闪的刀剑，视死如生的，是壮士的勇气。懂得困厄潦倒是由命运而定，明白顺利通达乃是时势造成，面临大难而不畏惧害怕的，这就是圣人的勇气。

那么儒家之道又是如何的呢？

古代的哲人都是很喜欢辩论的，而且雄辩，比如孟子。孟子是非常善辩和雄辩的。这一点和古希腊的苏格拉底非常相似。

孟子喜欢辩论，到底是因为生性就喜欢，还是他自己心有所感，不得不辩呢？

他是不得不辩。因为他要继承先圣的学说，要驳斥异端，要端正人心，显现天下的大道。

在《滕文公章句》下里，他的学生公都子问了一个问题。

公都子曰：“外人皆称夫子好辩，敢问何也？”

外面的人都说老师您喜欢辩论，请问这是为什么呢？

孟子曰：“予岂好辩哉？予不得已也。天下之生久矣，一治一乱。当尧之时，水逆行，泛滥于中国，蛇龙居之，民无所定；下者为巢，上者为营窟。书曰：‘洚水警余。’洚水者，洪水也。

使禹治之。禹掘地而注之海，驱蛇龙而放之菹；水由地中行，江、淮、河、汉是也。险阻既远，鸟兽之害人者消，然后人得平土而居之。

尧、舜既没，圣人之道衰，暴君代作，坏宫室以为污池，民无所安息；弃田以为园囿，使民不得衣食；邪说暴行又作；园囿、污池、沛泽多而禽兽至。及纣之身，天下又大乱。周公相武王诛纣，伐奄三年讨其君，驱飞廉于海隅而戮之，灭国者五十，驱虎、豹、犀、象而远之，天下大悦。书曰：'丕显哉，文王谟！丕承哉，武王烈！佑启我后人，咸以正无缺。'世衰道微，邪说暴行有作；臣弑其君者有之，子弑其父者有之。孔子惧，作《春秋》。《春秋》，天子之事也；是故孔子曰：'知我者其惟《春秋》乎！罪我者其惟《春秋》乎！'

圣王不作，诸侯放恣，处士横议，杨朱、墨翟之言盈天下。天下之言不归杨，则归墨。杨氏为我，是无君也；墨氏兼爱，是无父也；无父无君，是禽兽也。公明仪曰：'庖有肥肉，厩有肥马；民有饥色，野有饿莩，此率兽而食人也。'杨、墨之道不息，孔子之道不着，是邪说诬民，充塞仁义也。仁义充塞，则率兽食人，人将相食。吾为此惧。闲先圣之道，距杨墨，放淫辞，邪说者不得作。作于其心，害于其事；作于其事，害于其政。圣人复起，不易吾言矣。"

这段话是孟子从开天辟地说起，说到现在，自己不得不辩。为什么不得不辩呢？

孟子说：我难道喜欢辩论吗？我是不得已啊！天下有人类太久了，总是一时太平，一时动乱。在尧的时候，洪水横流，在中土泛滥，龙蛇到处盘生，民众无处安身，低处的人树上筑巢，高处的人山上挖洞。《商书》说“洚水告诫我们”，洚水就是洪水。于是尧派禹去治理，禹掘地引水注入大海，把龙蛇驱赶到沼泽，水沿着地上的沟道流动，这就是长江、淮水、黄河、汉水。水患既已解除，鸟兽不再危害人们，百姓们才得以在平原上居住。

尧、舜去世以后，圣人之道逐渐衰微。暴君接连出现，毁坏民房开挖池沼，使民众无处安生；废弃农田改建园林，使人民断了衣食来源；邪说、暴行随之兴起，园林、深池、沼泽多了，飞鸟禽兽又聚集了起来。到了殷纣时，天下又大乱了。周公辅佐武王诛杀殷纣、讨伐奄国，与这些暴君征战了三年，把飞廉追逐到海边处死，灭掉的国家有五十个，将虎、豹、犀、象驱赶得远远的，天下的民众都非常喜悦。《商书》说：“多英明伟大啊，文王的谋略！大大地继承发扬啊，武王的功业！辅助、启迪我们后人的，都是正道而没丝毫缺陷。”

周室衰微，正道荒废，邪说、暴行随之兴起，臣子杀害自己君主的事出现了，儿子杀害自己父亲的事出现了，孔子为之忧虑，写作了《春秋》。《春秋》所记述的是天下的事，因此孔子说：“世人了解我的恐怕只有《春秋》了，世人责怪我的恐怕也只有《春秋》了。”

如今，圣王不出现，诸侯肆无忌惮，在野人士横加议论，杨朱、墨翟的言论充斥天下，世上的言论不属于杨朱一派便属于墨翟一派。杨朱主张一切为了自己，但是心目中却没有君王（为别人拔一毛而不为也）；墨翟虽然对人一样的爱，但是心中却没有父母。就是爱别人的国等同于爱自己的国，爱别人的家等同于爱自己的家，爱别人之身等同己身。儒家讲：要从自己的亲人爱起，就是可以从父子亲情这里慢慢地扩展出去，由近到远。

老吾老以及人之老，幼吾幼以及人之幼。这是从人们的自然情感出发的。

孟子说：心目中无父、无君就是禽兽。公明仪说："厨房里有肥肉，马厩里有肥马，而百姓面黄肌瘦，野外有饿死的尸体，这好比是放任野兽去吃人。"杨朱、墨翟的学说不破除，孔子的学说就不能发扬光大，这就是用邪说来蒙骗人民、阻塞仁义。仁义被阻塞、遏止了，就等于是放任野兽去吃人，人们将会相互残杀。我为此感到忧虑，所以捍卫先圣的思想，抵制杨墨的学说，排斥荒诞的言论，使邪说不能够产生。邪说兴起在人们的心中，会危害他们的行为；兴起在人们的行为中，会危害他所施行的政务。即使圣人再度出现，也不会改变我的结论。

天下有道，道在人心。

孟子是"敢立其言"的人，很大气。他说，"五百年必有王者兴，其间必有名世者。由周而来，七百有余岁矣。以其数，则过矣；以其时考之，则可矣。夫天未欲平治天下也；如欲平治天下，当今之世，舍我其谁也？吾何为不豫哉？"

孟子是"吾四十而不动心"的人，对齐之卿相不动心，对仁义济世却舍身相求。从周武王兴起到现在，以仁义平治天下的圣贤在哪里呢？辅佐王者的名臣在哪里呢？我为什么心中忧戚呢？

从孔子到孟子，其间一百年，孟子感叹道：离开圣人的年代还不远，距离圣人的家乡还这样近，然而今天却忘记了圣人之言，没有了解和继承圣人的人了！再没有了解和继承圣人的人了！

现在我们有没有这样的勇气说，当仁不让，舍我其谁？这就是圣人的修己以安人之心。人以什么治世？孟子有利器，他以不忍人之心，立仁义之言。所以，当他见到梁惠王时劈头便说："王何必曰利？亦有仁义而已矣。"在他回应滕文公的质疑时脱口便说："世子疑吾言乎？夫道一而已矣。"治理天下的道理只有一个，就是以不忍人之心，行不忍人之政。

他在《离娄》章句上说，孔子曰："道二：仁与不仁而已矣。"圣人认为，治理天下之道只有两种，一个是行仁政，一个是不行仁政。行仁政，就是儒家之道。

孟子说："三代之得天下也以仁，其失天下也以不仁。国之所以废兴存亡者亦然。"得天下都是因为有仁义啊，失去天下就是因为不仁义，这是为政之道，兴衰之鉴。知我者谓我心忧，不知我者谓我何求，悠悠苍天，此何人哉？

孟子是以天下来立论的，他说的是普遍真理。孟子曰："天子不仁，不保四海；诸侯不仁，不保社稷；卿大夫不仁，不保宗庙；士庶人不仁，不保四体。今恶死亡乐不仁，是犹恶醉而强酒。"

试想一番，做天子的不仁德，就不能保全天下；做诸侯的没有仁德，就不能保全国家；做卿大夫的没有仁德，就不能保全宗庙；庶民和平民没有仁德，便不能保全身家性命啊。现在的人惧怕死亡，却不喜好仁德。这就像惧怕喝酒，还要喝酒一样。这是天下的道理，只有仁义的道理，才能够感召天下。

但是，我们经常会说，我那么爱他，但是他没有对我相应的好啊。我没有回报怎么办？孟子想到了这个问题。

仁者的心是反求诸己的心。孟子曰："爱人不亲，反其仁；治人不治，反其智；礼人不答，反其敬。"

爱护别人但人家不亲近你，就反省自己是否真正地做到了仁爱；治理民众得不到期待的政绩，就要反省自己治国理政的才能；礼待他人而得不到别人的回应，就要反省自己是否真正做到了内心恭敬。

也就是说，要从自己身上找原因。

要反求诸己。孟子曰："行有不得者皆反求诸己，其身正而天下归之。"

凡是所做的事情没有得到应有的效果，都要从自己找原因。只要自己本身端正了，天下人民就会自然归服了。

做人如果不仁厚，又将会如何呢？

孟子对他们根本就是不屑一谈。

孟子曰："不仁者可与言哉？安其危而利其菑，乐其所以亡者。不仁而可与言，则何亡国败家之有！"不仁的人，禽兽一般，还能与之说什么呢？以危险为安乐，以灾祸为有利，不听圣人之言，向着欲望的宴席疾驰，耽乐于导致自己灭亡的事情，自取其辱，自取灭亡，这还有什么可说的呢？这些人如果还能挽救，那又怎么会有亡国败家的事呢？

有句话说得很好。"有孺子歌曰：'沧浪之水清兮，可以濯我缨；沧浪之水浊兮，可以濯我足。'孔子曰：'小子听之！清斯濯缨，浊斯濯足矣。自取之也。'"

从前有个小孩子唱道："'沧浪的水清呀，可以洗我的帽缨；沧浪的水浊呀，可以洗我的双脚。'孔子听了说：'后生们听好了啊！水清可以用来洗帽缨，水浊可以用来洗双脚，这都是由水自身决定的。'"

孟子有一句话，很发人深思。"夫人必自侮，然后人侮之；家必自毁，而后人毁之；国必自伐，而后人伐之。《太甲》曰：

‘天作孽，犹可违；自作孽，不可活。’此之谓也。”

我们是什么样的本性，呈现出来的就是什么样的光辉。若是自寻侮辱，便会招致侮辱；若是自寻灭亡，便会走向灭亡。

儒家所讲的道与道家所讲的道还是有区别的。道家的养心，是看你是否领悟大道，是看人心是否归附大道，以道来观物，物无贵贱；儒家的养心，则是养德、养气，以仁心仁德齐家治国平天下。

第三章

心安在何处

在这个世界上，除了身体，我们还有什么？

还有心。

在这滚滚红尘之中，我们想得最多的是养身，难道心也需要滋养，需要澡雪，需要拂拭吗？

几千年前，孟子是怎么讲“养心”的呢？

孟子开了一个很好的方子。孟子在《尽心下》篇中说：“养心莫善于寡欲。其为人也寡欲，虽有不存焉者，寡矣；其为人也多欲，虽有存焉者，寡矣。”修养心性，没有比减少放纵的欲望更好的了。保持仁义之心必须克制过度的欲望。人之为人，如果放纵欲望，嗜欲过深，即使保有本心，也会蒙蔽闭塞，德性之光不能显现。

后人说：“寡欲则养心。”寡欲就是不为欲望所累。欲望少点就是养心，欲望多了养心就难了。

陆九渊说：“夫所以害吾心者，何也？欲也。欲之多，则心之存者必寡；欲之寡，则心之存者必多。故君子不患夫心之不存，而患夫欲之不寡，欲去，则心自存矣。”

什么东西害我的心呢？是我心里过分的欲望。欲望一多，良知就少了；欲望少，良知就多。所以不用想着心还在不在，要想欲望是否太多了。不恰当的欲望，骄奢淫逸的欲望，把它去除了，心自然就存了，就像水落石出一样，就像云雾散开，青天显示出来一样的。

这样，就要用理智控制情感，不断克己自胜，把物欲剥去，恢复本身的清明。

有句话说，“有容乃大，无欲则刚”。

我们如何才能刚强呢？刚强不在于我们的皮肉，刚强在于我们的心。心灵刚强，才有金刚不坏之身。我们向任何人有所求的时候，我们手伸出去的时候，心就难以刚强。

《论语》公冶长第五，子曰：“吾未见刚者。”或对曰：“申枨。”子曰：“枨也欲，焉得刚？”

孔子说：“我没有见过刚强的人。”有人回答说：“申枨是刚强的啊。”孔子说：“申枨这个人欲望太多，哪里能够刚强啊。”

“无欲”是佛家的道理，“寡欲”是儒家的道理，寡欲才能有刚。

钱穆先生在《论语新解》中说：“人多嗜欲，则屈意徇物，不得果烈。”意思是说：刚德之人，能伸乎事物之上，而无所屈挠。富贵贫贱，威武患难，乃及利害毁誉之变，皆不足以摄其气，动其心。儒家所重之道义，皆赖有刚德以达成之。若其人而多欲，则世情系恋，心存求乞，刚大之气馁矣。

一个人如果有太多的欲望，太系恋世上的那些东西，心里乞求别人给他这些东西的话，或者用私欲充斥自己的内心，完全为了私欲，不顾世间的道德、人情、良知，这样的话，哪里有刚大之气啊！刚大之气就消弭不见了。

孔子、孟子讲的这些道理，比喻得多么得当啊！而且，分析得鞭辟入里，简直让人无法辩驳。

孟子曾经打了一个比喻，说现在有的人无名指弯曲不能伸直，这么一点小毛病，也要远到秦国、楚国这样的地方去寻医问药，这只是因为无名指不如他人，他的心不如他人，去从来不去过问，这就叫做不识轻重。

希望大家不要只看到自己如“无名之指屈而不伸”这种不如别人的缺点，要看看自己的心是不是正直，能否真正的立得住，是不是有缺陷。

平时不要忘了去“养心”，去审视我们的内心。

孟子讲的“养心”要和“养气”结合起来谈。

孟子是如何讲养气的呢？孟子曰：“其为气也，至大至刚，以直养而无害，则塞于天地之间。其为气也，配义与道；无是，馁也。”

气是最广大、最刚强的，用正直来培养它不加损害，就会充盈于天地之间。凛然正气便是如此，天地为之动容。它作为“气”，与“义”和“道”相匹配，没有它们，“气”就没有力量了。

“是集义所生者，非义袭而取之也。行有不慊于心，则馁矣。”有此心便有此气，有此道义便有此气，内在刚烈，外在凛然。“气”是“义”在内心积累起来而产生的，不是“义”由外入内而取得的。如果行为使内心感到愧疚，它就没有力量了。

我们常说理直气壮，理曲而气虚。没有内心的仁义，这个气就完全没有力量了。这个时候，“养气”和“养心”就联系起来，要“养气”必须得要“养心”。

我们说养心，心在哪里？这颗心不是肉体的心，而是良心。孟子告诉你人有“四心”：“恻隐之心人皆有之，羞恶之心人皆有之，恭敬之心人皆有之，是非之心人皆有之。”我们要经常问自己：对人有没有仁爱的心？做错了事情有没有羞恶的心、恐惧的心？对老人、尊者有没有恭敬的心？对一个事物的判断是否有是非之心？如果这四个方面你做不到，那么你就是没有心，是禽兽。你心都不能养，如何能养身呢？我们经常看到很多人正当壮年的时候被抓走了，抓到牢里面去了，要被砍头了，不是因为你养身不得当，而是你养心不得当。所以，孟子告诉我们说：要思虑，要思考。人的四肢不能思考，人思考要靠心。“心之官则思，思则得之，不思则不得也。”心才会想问题，思考才能得到人生的道理，不思考就不能够知道人生应该向何处去。所以，“此天之所予我者”，心能想问题是上天所给予每个人的功能。

儒家认为，登高必自卑，行远必自迩，仁义礼智的心首先发自爱亲事亲、尊长，之后将心比心，推己及人。孔孟所讲的心、儒家所讲的心，就是爱，从爱亲、事亲推导到知人、爱人。

柏拉图曾在《会饮篇》说，人世间的和平，海洋上的风平浪静，狂风的止息，以及一切苦痛的酣睡，这都是爱的成就。我们在何处安心？儒家讲的安心，是指人安住本心，安住在良知。而良知，首要的是恻隐之心。我们何处安心？在亲情里安心。从爱亲人开始，又不忘爱人。老吾老以及人之老，幼吾幼以及人之幼。尽己之心，推己及人。在亲情的安慰里，我们安心。

孝为儒家文化起点，这里大有深意。儒家讲孝道特别讲人情味，特别讲血缘人情。血缘关系表现出人情味，血缘之爱、亲子之爱这是最自然不过的事情了吧，所以，儒家坚持亲子之爱是最最根本的，只有体验到了这个不能割舍的亲子之爱之后，逐步向外推。一个君子没有别的，只是善推其所为罢了。爱人爱物都要首先从爱父母开始，把这个爱从父母、兄弟、家人、族群逐步向外推导，这个心慢慢来体会，他人有心，予忖度之，善推其所为，终至忠恕之道，己欲立而立人，己欲达而达人。五伦讲君臣、父子、夫妇、兄弟、朋友关系，爱亲人，是让人体会生命的原点的爱。儒家的道关注的是人文之道、人生之道、人伦之道，自己的人生、社会的本位都立在这个上面。儒家之道是人心之道，这颗心是柔软的心。

家，是安心的地方。

我们讲孝道也是源于这样的心。

孔子在《里仁》中讲："父母之年不可不知矣，一则以喜，一则以惧。"意思是说：父母的年龄不能不记得，一是因为其高寿而欢喜，一是因为其高寿而恐惧。

为什么会这样呢？因为父母高龄，膝下承欢，当然是欢喜的事情；但是父母年纪又衰老了，来日无多，岂不是可惧吗！你的内心很矛盾，81岁、82岁，为爸爸妈妈祝寿，但是心中又隐隐作痛，因为人生不过百年，所以心中有些恐惧。这一忧一惧都是因为对父母的割舍不断的爱。父母添寿我们为他高兴，但是父母老了一岁，离人生的终点又近了一步。想想以后尽孝不能了，心中难过不忍，就是因为有一种爱在里面。这个爱就是不忍的心。

这颗心之所以动是因为爱而动，如果你是一个不孝子，你不会管父母是否是老了一岁，漠不关心的。只有孝顺的儿女，只有心和父母在一起的儿女才会这样做。

有人回忆谢晋导演83岁时，有一天晚上还立在床头，神情哀戚。别人问他在干吗，他说："我在想我妈妈。"他都83岁了，他还在想他妈妈，他的心放不下。这是什么心？这显然不是肉体的心，这是道德的心。

中国有句古话，“树欲静而风不止，子欲养而亲不在。”

他心里想：虽然我已经83岁了，但是我还是父母的儿子，我还是想念他们的，我这颗心放不下。其实，谁都会这样的，当我们活到100岁时，我们还会想自己的爸爸妈妈。这是对自己的家人。仁者是不是只对家人，而对他人漠不关心呢？不是这样的。

儒家从“爱亲”开始，落脚在“爱人”。《论语・乡党》中有这样一句话：厩焚。子退朝，曰：“伤人乎？不问马。”说马棚失火了，孔子退朝回来说：“伤人了吗？”不问马的情况。

有没有人因火而受伤？虽然他不一定是我的亲人（父母、朋友等），但是只要是人，我也要问问有没有伤到他。这颗心是不是一颗仁心呢？

儒家的爱从爱亲开始，推及陌生人。孟子以比喻来形容这颗“仁心”。他说：有个小孩快要掉到井里去了，他在那儿哭泣，你要去救他。无论天南海北，谁看到这种情况，都会出手相救。为什么去救？也不是为了博得乡人的好感或者跟孩子的父母有交情，不是因为他哭得闹心，只因为他这条命，我的心放不下。

这颗心就是“恻隐之心”，这颗心是一个“活泼泼”的心。

孟子的思想后来甚至影响了中国佛教的发展。佛教特别重视“心”。唐代僧人惠昕在《六祖坛经序》中说：“原夫真如佛性，本在人心。心正则诸境难侵，心邪则众尘易染。能止心念，众恶自亡。众恶既亡，诸善皆备。”中国的伦理学也好，哲学也好，美学也好，特别强调人这颗善良的“心”。

那么，这颗心能思虑吗？能动情感吗？

当然是有感情的、活泼泼的心，但这颗心是极精微的、与道同一的。讲不动心，是因为他整个心立在道上，那些所谓的名利、富贵，对他来说不过是烟云而已。对那些烟云的东西、不走正道的东西我们是不动心的。对于人间的疾苦，却是极动心的。“动心”指的是仁者之心，仁爱之心。

有一个人叫公都子，他问孟子：“钧是人也，或为大人，或为小人，何也?”

孟子曰：“从其大体为大人，从其小体为小人。”

公都子曰：“钧是人也，或从其大体，或从其小体，何也?”

孟子曰：“耳目之官不思，而蔽于物。物交物，则引之而已矣。心之官则思，思则得之，不思则不得也。此天之所与我者。先立乎其大者，则其小者弗能夺也。此为大人而已矣。”

有一个人叫公都子的问他说：“同样是人，有的成为君子，有的成为小人，这是为什么呢?”

孟子说：“顺从大体（心）的成为君子，顺从小体（耳目）的成为小人。”

公都子又说：“同样都是人，有的人顺从大体，有的人顺从小体，这又是为什么呢?”

孟子说：“眼睛、耳朵这样的官能不思考，所以被外物所蒙蔽。一旦跟外物接触，就会被引入歧途，想看好的、想听好的、想吃好的、想穿好的。”

他很相信心的官能，他说：心的官能是思考，思考便有所得，不思考便无所得。你的心要想一想该不该得。这是上天特意赋予我们人类的能力。做人，首先要确定大体，小体便无法与之争夺了，这样便可以成为君子了。良心上过得去的，你就做；良心上过不去的，你就不做。这就是识大体，大体就是良心，而不是说你长得高大才是大体。

我觉得孟子真的很善辩，很善于作比喻，他的理论很让我们心悦诚服。所以，很多先贤很愿意读《孟子》，他讲的道理真的很好。

我们的肉体其实每天都在对我们叫嚣，都在说：我要吃好的，穿好的，见好的，闻好的，要豪宅，要宝马。天天如果得不到，就像在油锅里煎熬。给他一半地球，还是要另外一半。都在想：为什么不能全给我呢？全给我不是更好吗？其实就是被物所困，心灵不能超脱出来。人心不要被物所牵引着走。你要保持简朴的心，素朴的心。

心要思，思则得道，不思，就不能得道。你要去想。尤其是当我做这件事情时，当与不当，义与不义，该与不该，我的心要不要想一想？我眼睛所见，耳朵所听，鼻子所嗅的，我要不要经过我的心去想一想？如果我做的事，使人陷入苦难、陷入困境、陷入危险，我的心要不要去思一思？很多人不思，不思则不得。比如：我做这件事情，明明牛奶是给小宝宝吃的，我应该怎样做纯净的牛奶给宝宝吃呢？你的心思与不思？如果不思，你的心就是麻木的、丧尽天良的。所以，老夫子、先贤告诉我们：你要去思，上天给你的心是要去想的；你若不想，就是麻木，那就等于把所有美好的事情都葬送了。

过去我们经常说大人、君子、小人。什么叫大人呢？把心立在这里，其余的事情就迎刃而解了。你知道天下的正道在哪里，那些诱惑在我眼里根本算不了什么。虽然万物牵动着我的心，但是这些打动不了我的心。俗人会以金玉为宝，而我以仁义道德为宝，以国家社稷为宝，这就是你能思，能想了。你说以道德为宝，不以珠玉为宝，是什么意思呢？意思是说：养心莫善于寡欲。庄子曾说：“其嗜欲深者，其天机浅。”你太嗜欲了，永远不能满足你，那你哪有时间去想人生的道理呢!？所以说，养心莫善于寡欲，而不是说你无欲，是相应的节制、克制。因为人的欲望是无止境的，健康的生命正是有节制的生命。

所以，孟子才说：“其为人也寡欲，虽有不存焉者，寡矣。其为人也多欲，虽有存焉者，寡矣。”修养心性最好的办法就是不被物欲所控制和牵引，这里包含着很大的学问。人是肉身，维护生存，必须有物质的需要；但是无限的对物质的追求，在追求物质中丧失理性和道德，恐怕不是一件好事，甚至会走向生命的反面，或者说戕害自己的或别人的生命。

我们要做到中道，既要有物质的欲望，这是人所不能去除的，但又不能被外界的物欲所控制，你的人生不能完全陷在对这些欲望的无限制的追求当中，你要回到自己的内心，这是养心的一个方面。

另外，对自己来说的一面，养心的时候，一定要能够耐得住寂寞。所以，《论语》中的一句话：“人不知而不愠，不亦君子乎。”人都想要闻达，但很少人能够在学问的路上，在事业的路上，承受寂寞和别人的不理解，用很达观平和的心境去面对风雨人生。

念到“人不知而不愠，不亦君子乎”这句话，让我想起孔子的故事：孔子从卫国返回鲁国的路上触景生情，想到自己不能作为一支为王者香的兰花，只能与众草为伍，心中不免平添些许惆怅。他停下车，拿出自己的琴，弹了一首《幽兰操》。孔子很懂音乐，他写了一首《幽兰操》，现已经不流传了。唐代的文学家韩愈十分仰慕孔子的境界，也做了一首《幽兰操》，即“兰之猗猗，扬扬其香。不采而佩，于兰何伤。今天之旋，其曷为然。我行四方，以日以年。雪霜贸贸，荠麦之茂。子如不伤，我不尔觏。荠麦之茂，荠麦之有。君子之伤，君子之守。”兰花开的时候，在远处能够闻到它幽幽的清香，没有人采摘兰花佩戴，对兰花本身又有什么损伤呢？一个君子不为人知，对于他又有什么不好呢？以达观平和的心境在孤寂中默默前行，这也是“养心”啊。

我们经常很浮躁，我们不知道停下来，闲暇时不知道做什么事了，我得找个事做做。其实，真正能养心的人，哪里需要到外面找事来做呢。你就坐在那里，慢慢地沉静下来，认真思量，静坐思仁，那就是最好的能打发时间的办法了。对君子来说，养心很重要。对外，不被外物的诱惑所损伤；对内，心中有叮咛，不会被寂寞和孤独所夺，这才是真正的养心。

养心要知道什么是人生紧要的事。“先立乎其大者，则其小者不能夺矣。”孟子经常说大与小、刚与强。他说：“体有贵贱，有大小。无以小害大，无以贱害贵。养其小者为小人，养其大者为大人。”

孟子打了个比喻。孟子曰：“今有无名之指屈而不伸，非疾痛害事也。如有能伸之者，则不远秦楚之路，为指之不若人也。”

孟子说：那么鸡毛蒜皮的一件小事。你手指不如别人，就知道厌恶，觉得不好，要把它扳直了。你的心都不直，你为什么不去把它扳直呢？你的心不如别人，你却根本不知道厌恶。这叫做不知道轻重比较。

后人说：“一指之屈伸无关立身之大节，而人心为一生之主。”哪个大？哪个小？哪个轻？哪个重？立刻就看出来了。你为什么不去关注呢？

人们常说要识大体，殊不知就是要认识你的心，知道你的心在哪里。

人心为什么要养呢？难道它会迷失和衰败吗？

在现实生活中，其实很多人已经迷失很久了，找不到人生的方向。

孟子比喻得特别好。孟子曰：“拱把之桐梓，人苟欲生之，皆知所以养之者。至于身，而不知所以养之者，岂爱身不若桐梓哉！弗思甚也。”

一两把粗的桐树、梓树，人们要想叫它生长起来，都知道如何去培养它。至于对自己，却不知道如何去培养，放任自己的心，人难道爱自身还不如爱桐梓树吗？知道如何把树养大，而对自己内心的成长却全然不顾。有时都到牢里去了，还不知道为何。不反求诸己，不问自己的心在哪里了。

当然，人肯定是爱自己的，只是他不思考罢了。上天赋予你这颗心是要你去思的，而你却完全不思考。

现在很多人热衷于养身，却少有人谈养心。其实，两者同样重要。人们都说养身还可以吃虫草，而养心拿什么来养呢？身是有形的，心是无形的。无形的就不重要了吗？短视的人只能看到有形的东西，而看不到无形的东西。其实，精神、灵魂更加重要，更加能左右人的生命。过去经常说“心宽体胖”，意思是：心宽了，身体很通泰，没有什么拘束的地方，心里没有什么见不得人的。“积善之家，必有余庆；积不善之家，必有余殃”。人的心里有病，经常会导致身体有病，导致对家庭、人生的未来有很大的困扰。所以，养生一定要从养心开始。古希腊哲学家伊壁鸠鲁说了一句名言："身体的无痛苦和灵魂的无纷扰。"这就是幸福的境界，身体很重要，灵魂也很重要，两个都要得到很健康的发展。

"灵魂的无纷扰"，是什么境界？其实《孟子》给了我们很多指点，他让我们养心，就是在尘世的困苦和纷扰中，达致灵魂的平静。

其实君子也有忧虑，孟子曾经感叹道：君子有终身的忧虑，是忧虑自己能不能尽心尽性、成圣成贤，而不是忧虑人生的穷达祸福。圣人的确有忧虑，但不是为了吃、为[illegible]问：舜是人，我也是人。可是舜是天下的典[illegible]却依然是个普遍人，在道德上没有觉悟。这才是真正值得忧虑的事情啊！忧虑该怎么办？像舜那样做就是了。至于人生的其他痛苦，对于君子来说是不存在的。不合乎仁的事情不做，不合乎礼的事情不做，即使有突然发生的灾祸，君子就顺受其正，并不担心。这就是所谓的君子不忧。不为自己的生死贵贱而忧，为自己的德行不能像舜那样顶天立地而忧。

君子有终身之忧，而无一朝之患。智者才会有这样的感叹！庄子也说过："圣人安其所安，不安其所不安；众人安其所不安，不安其所安。"人生经常会面临很多的转折，面对磨难，当处之泰然。孟子说过："吾四十而不动心。"人生的富贵未曾使他动心，祸患也不能动摇他的仁者之心。

养心很重要，不仅是对他人重要，最重要是对自己重要。让自己的心灵、自己的灵魂有个安顿之处，不要受到过多的纷扰和煎熬。我们现在这些纷扰多少是来自自己对外在事物的反应，心与物的关系是最难对待的，也是最难取舍的，比如对待物欲等其他东西，我们要静下心来问问我的心到底是一种什么样的状态，我的心需要一些什么样的滋养，是物质的满足，还是灵魂的愉悦？

养心其实就是修道。修道就是修你的心。把你自己修回来，把你放逸的心呼唤回来，让沉睡的灵魂苏醒。

了吗，

美名传世，而我

第四章

道者不可离

在这个世界上，我要行走在哪条道上？

几千年前，西方人也是这样问自己的，他们寻找的逻各斯，就是天下的真理和大道。中国的哲人说，要寻找道，一心守着道。道者，须臾不可离也。可离非道也。

“一心”。在孔子那里，是笃信好学，守死善道。在他一百年之后的孟子，是怎样讲人在道德的修养上要一心一意、专心致志的呢？

孟子一直强调人要成圣就必须要走一条很艰苦的道路，要一直坚持不懈地走下去。孟子很善于比喻，他先讲了一个小故事。

曾经有两个人跟着弈秋学习下围棋，弈秋是一个非常厉害的围棋教师。一个人专心致志，“惟弈秋之为听”，老师说的我就听，别的一概不管；另外的一个人虽然也听一听，但是左耳朵进右耳朵出，“一心以为有鸿鹄将至，思援弓缴而射之”，一心想到窗外天鹅要来了，我拿着弓箭去射天鹅吧。所以，孟子曰：“虽与之俱学，弗若之矣，为是其智弗若与？曰：非然也。”虽然是一起跟着弈秋来学习，但两人的差距很大，贪玩的人不如这个专心的人，是因为其智力不够吗？不是的，是因为专心与不专心的原因。所以，他们的成就大小立判。

孟子说，下围棋，是一种小技，即使是这种小技，不专心致志地学也是学不好的。君子学习，是学以致其道，道是更加深奥精妙的，没有一心的志向，绝对不能达到。

其实，这个民间故事我们以前听过的。老师给我们讲这个故事的时候，是从学习的角度讲的，一定要用心，一定要专心致志，不能开小差。事实上，孟子讲的要深得多，这只是一个比喻，他讲的是我们做人的道德，做人的心智。我们在这个世界上要能够做到守死善道，始终如一。这是很难的事情。

仔细想一想，我们岂不是终日在左顾右盼、心意游移吗？我们何曾坚守过什么呢？我们何曾几十年如一日地守死善道，始终如一呢？这确实是很难的事情。

这也让我想起了韩国的一部电影叫《春香传》，有人要强迫春香改嫁，春香为了爱情誓死不从，在地上写了两个汉字“一心”。

我又想起韩非子在《和氏》一篇中讲的楚国“卞和献玉”的故事。春秋时，楚国人卞和在荆山上得一玉璞，献给厉王。王使玉工辨识，说是石头，以欺君罪刖断卞和左足。后武王即位，卞和又献玉，仍以欺君罪再断右足。文王即位后，卞和抱玉痛哭于荆山下。泪尽，泣之以血。文王派人问他，他说：“吾非悲刖也，悲夫宝玉而题之以石，贞士而名之以诳。（我并不是因为被削足而伤心，而是因为宝石被看做石头，一心向善的忠贞之士被当做欺君之臣，是非颠倒而痛心啊！）”文王使人剖璞，果得宝玉，因此称为和氏璧。这是历史上一个真实的故事，古人坚守至此，这样的人如今安在？

看完这个故事我感慨万分。当我们遇到困难的时候，或者遇到外界压力的时候，我们有没有想过一心？在生与死考验的关头，我们有没有想过一心？当别人拿着寒光闪闪的刀剑逼着我们，要我们放弃信念的时候，我们有没有想到一心？当别人拿钱诱惑我们的时候，我们有没有想过一心？“一心”指的就是“一心向善”，把自己心中美好的东西表达出去，传递出去。

我们想一下，人往食品、药品里掺毒的时候，有没有想过坚守自己的道德，有没有想到做人要一心向善呢？

“一心”就是孔子所说的“吾道一以贯之”，就是“忠恕之道”；“一心”就是孟子讲的“吾道一矣”，就是不动之心，因为他心中已经有道德的勇气。

许多人，在他们面对生死的时候，在他们面对诱惑的时候，他们都能坚守心中的信念，坚守自己的理想，都可以做到一心。我们不妨来问一下自己的心，我们心里现在还有坚守的东西吗？特别是，面对生死关头的时候，我们心里坚守的底线还有吗？

要坚守做人的信念。平时我们看不出来，选择这个，选择那个，好像问题不大；但是真正的临到你面前的时候，在生与死，在道德与利益面前真的要让你选择的时候，你如何选？其实，这是在考验你的心性，也是在考验你的信念。

一些人用很世俗的东西来看道义，觉得道义是可有可无的，并非必经之路。其实，道路，是不可须臾离开的，能离开的，那不叫道路。像我做的这个节目经常会收到一些投诉。我们在采访的过程中，在做事情的过程中，很多人会认为：这个事我是为了生存，所以可以去做。他觉得人为了生存，是可以置道义于不顾的。很多人可能会认可他的这种观念。我为了自己活得更好一点，我就可以做一些违规的事情，或违法的事情。人们的这种认同，让我觉得非常可怕。

孟子坚守的有些原则是不可以打破的，天下之道是正道直行的，不能因为个人的原因而违背。人在关键的时候一定要有自己的坚守。

孟子打了一个比喻："鱼，我所欲也，熊掌，亦我所欲也；二者不可得兼，舍鱼而取熊掌者也。生亦我所欲也，义亦我所欲也；二者不可得兼，舍生而取义者也。生亦我所欲，所欲有甚于生者，故不为苟得也；死亦我所恶，所恶有甚于死者，故患有所不辟也。如使人之所欲莫甚于生，则凡可以得生者，何不用也？使人之所恶莫甚于死者，则凡可以辟患者，何不为也？由是则生而有不用也，由是则可以辟患而有不为也，是故所欲有甚于生者，所恶有甚于死者。非独贤者有是心也，人皆有之，贤者能勿丧耳。"（《告子上》）

看了这段话，就能够理解为什么有那么多见义勇为的人，为什么有那么多为了自己的理想而献出生命的人。这就是我们人生的一个标杆。

鱼是我想要的，熊掌也是我想要的，如果两者不能兼得，那我就舍鱼而要熊掌。生命是我所要的，道义也是我所想要的，如果两者不能同时要，那我就舍弃生命而要道义。因为道义是更高的价值。

有人把一己之"生"看做是重于一切的，为了自己的权利，去做伤天害理苟且偷生的事，我就不相信他们内心一点也不受到质问。

说到"质问"，就说到最核心的内容了。我们有没有质问自己？我们有没有吾日三省吾身？

孟子很懂得人性。生命确实是我所想要的，但是我所想要的东西还有甚于生命的，还有更高尚的事情，更值得追求的事情，那我就不去做这苟且偷生的事。死亡是我所厌恶的，人人都厌恶死亡，但是我所厌恶的东西还有甚于死亡的，所以对于有些祸患不去躲避。为了躲避困难，道义都不要，脸皮都不要，有些人不是这样的吗？为了多赚一点钱，什么害人的事都做。这样的人，当他站在审判台上的时候，他会觉得对不起天下的人，这种羞恶比死还要难受。

我们仔细想一想，如果人们所喜欢的莫过于生命的话，那么凡是可以得到生命的手段为什么不去用呢？或者换句话说，如果人们所喜欢的莫过于金钱的话，那么凡是可以获得金钱的方法，为什么不去用呢？你会去搞蓝牌车、盗牌，你会往食品里掺毒、掺水，你可以做各种各样的事情，因为唯一所爱的就是金钱。你爱的莫过于金钱，那么凡是可以得到金钱的方法你会无所不用其极。如果人们所厌恶的莫过于死亡，那么凡是可以避免死亡的方法，为什么不去做呢？敌人把你抓住的时候，你会出卖，会投降，会背叛，会做各种不知廉耻的事，为了保全你的生命。你这样活在世界上有意义吗？有价值吗？

但是，还有另外一些坚守价值、坚守道义的人，他们不是这样的。投降可以换来生命，他不去做，宁可被钉竹签也不去。他大义凛然、慷慨就义。他是因为所喜欢的有甚于生命者，所厌恶的有甚于死亡者。他们有理想。其实，不单单是贤德的人有这种心，人人都有这种心，只是贤人保存它而没有丧失而已，而常人，在很多环境的威逼之下，已经放弃了自己的坚守。这让我不胜唏嘘，以孟子的话来说，放弃对仁义的坚守，就是“自暴自弃”，自己抛弃了自己。仁是人的安宅，义是人的正路，舍弃正道不走，而走旁门左道，真是悲哀啊！

其实，我们任何人都有颗爱人的心，都有颗向善的心，向美的心，只是因为我们没有保持它而丧失了。而且，我们每天在为它找理由，为这种丧失和迷茫在寻找理由，在自我辩护。

人的心若是放逸了，就是被物所牵引。人的良知不能明照，完全被外物所控制、所牵引，天机就很浅。人们常常有一种迷惑，以为是我在控制这个物，是我在控制这个钱，其实迷在其中的你不知道，是万物在控制你，使你完全丧失了对生命意义的思考，把自己打入了万劫不复的深渊，人成为奴隶而不自知。孟子说的富贵不能淫，贫贱不能移，威武不能屈，是心有所主，心有所安，不动心之谓也。

这两种思想的博弈，几千年来从未断绝过。一方面贤哲孟子告诉我们要坚持心中的善念，也就是所欲有甚于生命者，所恶有甚于死亡者。

但是，在现实生活中，种种矛盾，不断的博弈，使得很多人比较迷茫，不知道怎么去选择。特别是面对生死的时候，包括在当下，面对贫困的时候，面对困难的时候，怎么做才能坚守一心呢？

孟子回答了我们的问题。孟子曰："一箪食，一豆羹，得之则生，弗得则死。呼尔而与之，行道之人弗受；蹴尔而与之，乞人不屑也。万钟则不辨礼义而受之，万钟于我何加焉？为宫室之美，妻妾之奉，所识穷乏者得我与？乡为身死而不受，今为宫室之美为之；乡为身死而不受，今为妻妾之奉为之；乡为身死而不受，今为所识穷乏者得我而为之，是亦不可以已乎？此之谓失其本心。"

一碗饭，一盘羹，得到就活命，得不到就饿死，但也要有尊严地得到啊！所以很多人会有这样的心理：好死不如赖活着，先抢了再说。孟子说，人要有脸面嘛！呵斥着给予，就算行路的饿人也不会接受，用脚践踏后再给予，即使乞丐也不屑于要。人是文化的存在，尊严的存在，因为人都有脸，有礼义在心里。饿死不吃嗟来之食。

而现在，一万钟的俸禄，不辨别是否合乎礼义就接受了。在大的利益面前，我们的取舍常常忘记了自己的尊严。一万钟的俸禄对我有什么好处呢？是为了宫室的华丽吗？是为了妻妾的供养吗？是为了相识的人受我的恩惠吗？人真是软弱的存在啊！

过去宁死也不肯接受的，如今为了居室的华美而接受了；过去是宁死也不接受的，现今为了妻妾的供养而接受了；过去是宁死也不接受的，现在为了使相识的人受你的恩惠而接受了。难道这也是不能罢手的吗？可以说是丧失了自己的本心。

人问自己的本心，是问这钱是否得之有道。你的钱来得对不对，来得正不正。如果别人把饭放在地上踏一踏，像喂狗一样的，我想你即使饿死也不会要的。过去你是这样有尊严的人，如今你为什么丧失了尊严？你过去是有良知的人，如今为什么丧失了良知？你过去是看不起那些小小的诱惑，你为什么今天为了这些小恩小惠，为了居室的华美，为了房子，为了车，为了女人，为了一些需要你供养的人，你就丧失了良知？你把尊严丢到哪里去了？你是如何想的呢？

按照孟子的说法，人心到底要立在何处呢？人生正确的道路又在何方呢？

孟子曰："仁，人心也。义，人路也。舍其路而弗由，放其心而不知求，哀哉！人有鸡犬放，则知求之；有放心而不知求。学问之道无他，求其放心而已矣。”

仁，就是人的本心。义，就是人走的正路。很多人舍弃了正路而不走，丢弃了本心而不去求得，可悲呀！清晨，人们有鸡、狗丢失了，都知道去寻找。而你丢了自己的心，丢了自己的脸，你却不知道去找。这是为什么呢？学问之道没有别的，就是找回丢失的良心罢了。

如果人做不到“一心”，会有一个什么样的结果呢？

那就只能是半途而废，就是没有用的。井打了一半有什么用呢？一个人不成材有什么用呢？五谷不成熟连稗子都不如！

孟子曰：“仁之胜不仁也，犹水胜火。今之为仁者，犹以一杯水救一车薪之火也；不熄，则谓之水不胜火，此又与于不仁之甚者也。亦终必亡而已矣！”这讲的是杯水车薪的故事。

他讲的并不是说远水救不了近火，他说的是：仁可以胜过不仁，犹如水可以胜过火。现今的情况是，实行仁义的人好像是用一杯水去救一车柴的火，当然火是不能很快熄灭的。人们看到一杯水不能浇熄火，就说水不能胜火。这种说法，其实是助长了行不仁的人，连自己内心的一点点仁义也消亡了。有人说，良心能当饭吃吗？良心能挽救我的一家吗？良心能让我住高楼吗？良心能让我开宝马吗？所以，我丢掉良心，反而能得到想要的。他没有想到，丢失良知给社会带来的恶果，放逸良知给他人生带来的害处，其实是大大超过了他所得到的那些小惠。孟子说的是非常深刻的道理。

孟子曰：“五谷者，种之美者也，苟为不熟，不如荑稗。夫仁，亦在乎熟之而已矣。”

人皆知道，五谷是杂粮，是庄稼中最好的品种，如果不熟，还不如草呢。仁义，也在于要使它成熟而已。君子之道，成章乃达。

所以要“一心”。

孟子曰：“有为者，譬若掘井。掘井九仞而不及泉，犹为弃井也。”

掘井掘到九仞，还有一仞就到水了，你放弃了，那就是废井一个。什么东西都不能半途而废。

我还记得孔子说过这样的话，“譬如为山，未成一篑，止吾止也；譬如平地，虽覆一篑，进吾往也。”

好比堆土成山，如果再加一筐土，就可以成山了，如果懒得做下去，那就是自己停止了。这就好比在平地上堆土成山，纵使刚刚才倒下一筐土，如果决心努力前进，还是要自己坚持的。他说的是进退成败都在自己。

孔子最赞赏的就是弟子颜渊，曰：“吾见其进也，未见其止也。”

我只看到他不断的进步，从来没有看到他停顿，所以就不会“为山九仞，功亏一篑”了，也不会掘井九仞不及泉而停止了。

孔子曰：“苗而不秀者有矣夫，秀而不实者有矣夫！”

孔子说：庄稼生长了不吐穗、开花的有很多，虽然吐穗、开花了却不结果实的也有很多。你没有一心一意坚持到底，虽然是长了，但是不开花，也不吐穗；有的是开花了，也吐穗了，但其根本就是瘪的，没有用的。

孔子也罢，孟子也罢，都是要精进，不能半途而废。这就是儒家先贤着力推崇的一种大家风范。今时今日对我们有相当的激励价值。

一心，就是精进，就是修道。所以，人生一定要志向高远，这个不得了。

一车柴火着火了，人们就用一杯水去扑火，扑灭不了，人们就说水不能胜火。错在哪里？你有没有持之以恒地去做，你掌握到的大道的方向一定是水能胜火。对此，孟子讲的话很透彻，很坚持。孟子讲了下面这样一段话，特别有意思："孔子登东山而小鲁，登泰山而小天下，故观于海者难为水，游于圣人之门者难为言。观水有术，必观其澜。日月有明，容光必照焉。流水之为物也，不盈科不行；君子之志于道也，不成章不达。"

除了孔孟特别讲一心之外，荀子在这方面也有很好的阐发。荀子讲"虚一而静"。虚心、专心、静心，才能达到大清明的境界。只有专一的心才能认识道。做任何小事都需要一心，更何况精奥的正道呢？怎么可以三心二意？思想分散何来见识？思想偏斜何来精当？

荀子说，从前舜治理天下，未尝教人，而各种事情都办成了。固守专心于道，达到了戒惧的境界；以道养心，入于精微，达到了精妙的境界，这戒惧与精妙的契机，只有明智的君子才能了解它。人心就像盘中的水，端正地放着而不去搅动，那么污浊的渣滓就沉淀在下面，而清澈的透明的水就在上面，足以照见万物。如果微风在它上面吹过，污浊的渣滓泛起，清澈之水瞬间搅乱，不能照见人形。人的心也是这样啊。用正确的道理来引导它，用高洁的品德来培养它，任何外物，莫能倾动其心，足以能够用来判定是非、决断嫌疑了。如果被外物所诱引，内心散乱，思想倾斜，那就不足以用来决断各种事理了。古代喜欢写字的人很多，只有仓颉一个人的名声流传了下来，这是因为他用心专一啊；喜欢种庄稼的人很多，只有后稷一个人的名声流传了下来，这是因为他用心专一啊；爱好音乐的人很多，只有夔一个人的名声流传了下来，这是因为他用心专一啊；爱好道义的人很多，只有舜一个人的名声流传了下来，这是因为他用心专一啊。倕制造了弓，浮游创造了箭，而羿善于射箭；奚仲制造了车，乘杜发明了用四匹马拉车，而造父精通驾车。从古到今，还从来没有过一心两用而能专精的人。

这里，荀子也讲了一个故事，他说："空石之中有人焉，其名曰觙。其为人也，善射以好思。耳目之欲接，则败其思；蚊虻之声闻，则挫其精。是以辟耳目之欲，而远蚊虻之声，闲居静思，则通。思仁若是，可谓微乎"？空石的城邑内有一个人，他的名字叫觙。他生性善于射覆，能猜中覆盖着的东西。但耳目之欲接，则败乱其思考；蚊虻之声音一传到他耳朵里，就会妨害他聚精会神。因此他避开耳听眼视，并远离蚊子、虻蝇的声音，闲居静思，不与外物相接，则能通知其所射。君子思仁如能若是，庶可谓之精微矣乎？独居静思，他的思路就畅通。如果思考仁德也像这样，可以说达到精妙的境界了啊！

让我们回到孟子。"君子之志于道也，不成章不达"，你不能够认真地去学习，去实践，去通达圣人的道理，很难有精进的光彩。所以混沌的人只能在外表露出光彩，而与道为一的人才能在心灵深处发出光芒。观看过大海的人，其他的水很难吸引到他；在圣人的门下学习过的人，其他的学问理由很难让他心服，因为圣人已经站在泰山之巅了；太阳一出来，烛光怎么能立得住呢？所以，大的光芒是圣人之道。我们学习一定要达到巅峰的程度，才能理解到圣人的道理，他的精髓之所在。但是圣人的道理那么容易达到的吗？所以你必须要很刻苦地去学习，很刻苦地去领悟，很刻苦地去实践，最后才能达到。所以，孟子说了一句令人刻骨铭心的话，至今还有人记得："贤者以其昭昭使人昭昭，今以其昏昏使人昭昭。"我觉得到了几千年以后还是可以用。贤人自己很清楚、明白，就去教导别人：你自己是光，可以光照人间。

第五章

理义悦我心

我们能以喜悦的心，行过这短短的一生吗?

几千年前，西方人也是这样问自己，他们以仰望的心寻找喜悦的路。中国的哲人说，心无往而不悦乐。反身而诚，乐莫大焉。

中国文化是乐感教育，《论语》开篇的三句话，就把圣人的心呈现出来了。

子曰:“学而时习之，不亦说乎?有朋自远方来，不亦乐乎?人不知而不愠，不亦君子乎?”朱熹认为这是“入道之门，积德之基”。

还有孔子说的，“饭疏食饮水，曲肱而枕之，乐亦在其中矣。不义而富且贵，于我如浮云”。

“一箪食，一瓢饮，在陋巷，人不堪其忧，回也不改其乐。贤哉，回也!”

在陋巷，人们都不能忍受其忧，而君子却不改其乐，乐在何处?

乐在道大，乐在志于道的心。

孟子曾说，“君子所性，仁义礼智根于心。”仁义礼智信，君子之心，每个字都让我们喜悦，因为是根植于内心的。

孟子说，“君子以仁存心　以礼存心”，特别是“理义悦我心”。其实，劝别人做一个有道义的人是很困难的事，为什么孟子要说“理义悦我心”呢？理义真的能悦我心吗？

是啊，劝人做有道德的人是一件很难的事。我们在学《论语》的时候，孔子说：“吾未见好德如好色者也。”意思是说：好德之人真的是很难得的，因为要克己复礼。一个人克制自己是不容易的，总是要吃点好的，穿点好的，让自己的心和自己作斗争，这的确是很难的事情。

为什么说理义悦我心？孟子讲得非常的好，孟子是深知人性的，他深知人性的弱点。他打了一个比喻。我们都知道有一个词，叫“杯水车薪”。孟子曰：“仁之胜不仁也，犹水胜火。今之为仁者，犹以一杯水救一车薪之火也；不熄，则谓之水不胜火，此又与于不仁之甚者也，亦终必亡而已矣。”

仁义胜过不仁，好像水能够胜过火一样的。现今行仁的人，好比用一杯水去救一车柴木的火。火灭不了，我们就说水不能胜过火，仁义不能胜过残暴。孟子以为，这种说法，助长了行不仁的人，最终连自己内心一点点的仁也消亡了。人为什么对道德的力量如此没有信心呢？丧失了这个信心和坚守，就是向禽兽之心行进了一步。他说的是内心的坚持和坚守，道德的涵养，人性的培育，要终身用功，弦歌不辍。

人性的美和善的光辉令我们感动，甚至泪流满面。为什么会这样？因为孟子说过：“恻隐之心，人皆有之；羞恶之心，人皆有之；恭敬之心，人皆有之；是非之心，人皆有之。恻隐之心，仁也；羞恶之心，义也；恭敬之心，礼也；是非之心，智也。仁义礼智，非由外铄我也，我固有之也，弗思耳矣。故曰：求则得之，舍则失之。或相倍蓰而无算者，不能尽其才者也。”

看见伤痛之事的恻隐同情之心，人人都有；对于可憎可恶之事的羞恶之心，人人也都有；对于长者的恭敬之心，人人都有；对于是非的辨别之心，人人也都有。恻隐之心是“仁”，不能忍受别人受苦；羞恶之心是“义”，这件事做得“义”与“不义”；恭敬之心是“礼”，我对别人恭敬，四海之内皆兄弟嘛；是非之心是“智”，你这个人明智不明智，看你对是非有没有辨别能力。仁义礼智不是从外面强加于我的，是我本来就有的，只是我没有去领悟罢了。所以，自己寻求就能得到，放弃就会失去。人与人在善恶方面有时差别甚大，就是因为不能充分发挥本来资质的缘故，内在的善良心性没有发挥出来，内在的道德之光没有呈现出来。这些东西蒙蔽住了，使得他的道德之心没有发挥光明。我觉得，人心之相通，就好比天下的水是相通的一样，万川归海。

孟子在《告子》章句上，有这样一段话。“富岁，子弟多赖；凶岁，子弟多暴。非天之降才尔殊也，其所以陷溺其心者然也。”丰收的年成子弟大多懒惰，灾荒的年成子弟比较横暴。并非上天降生的资质如此的不同，而是环境损害了他们心理的缘故。是环境使然，而本性未变。

孟子曰：“今夫麰麦，播种而耰之，其地同，树之时又同，浡然而生。至于日至之时，皆熟矣。虽有不同，则地有肥硗，雨露之养、人事之不齐也。故凡同类者，举相似也，何独至于人而疑之？圣人，与我同类者。故龙子曰：‘不知足而为屦，我知其不为蒉也。’屦之相似，天下之足同也。”

比如大麦，播下了种子，耪了地，如果土地相同，栽种的时间也相同，便能蓬勃地生长。到了夏至的时节，都成熟了。即使有所不同，就是土地有肥有瘠、雨露滋养的功夫不一致罢了。所以，凡是同类的东西大体相同，为何对人心就疑惑了呢？圣人与吾辈是同类。所以，龙子说：不知道脚的形状编草鞋，我也知道不会做成草编的筐子。做鞋的是量了天下的脚以后才去做的吗？全都做出一样的出来，因为天下的脚都是差不多的。草鞋相似，因为普天之下的脚形状大致相同也。

孟子很善于打比方，会慢慢地引导。

孟子曰："口之于味，有同耆也；易牙先得我口之所耆者也。如使口之于味也，其性与人殊，若犬马之与我不同类也，则天下何耆皆从易牙之于味也？至于味，天下期于易牙，是天下之口相似也。惟耳亦然。至于声，天下期于师旷，是天下之耳相似也。惟目亦然。至于子都，天下莫不知其姣也，不知子都之姣者，无目者也。故曰：口之于味也，有同耆焉；耳之于声也，有同听焉；目之于色也，有同美焉。至于心，独无所同然乎？心之所同然者何也？谓理也，义也。圣人先得我心之所同然耳。故理、义之悦我心，犹刍豢之悦我口。"

口对于滋味有相同的嗜好，易牙先得知了我们口味的嗜好。如果口对滋味的嗜好因人而异，那么何以天下的嗜好都认同易牙的口味呢？易牙就是那时最懂得滋味的人。讲到滋味，天下人都期望于易牙，可见天下人的口味都是一样的。耳朵也是如此。讲到声音，天下人就期望于师旷，因为师旷是善奏乐的人，可见天下人的耳力是相似的。眼睛也是如此。讲到子都，天下没有人不知道他是美丽的。子都是那时候最美的人。不知道子都美丽的人是没有眼力的人。由此看来，口对于滋味有相同的嗜好，耳对于声音有相同的听觉，眼对于容貌有相同的美感。从外在引到内在。讲到人心难道唯独就没有相同之处了吗？人心的相同之处是什么呢？天下人所向往的东西是什么呢？理义，是天下的道理。

圣人先懂得了我们的共同追求。因此，理义能使我们心喜悦，就好像猪肉、羊肉愉悦我们的口味是一样的。

理义为什么这么让我们喜悦呢？原来是人同此心啊。

“朝闻道，夕死可矣。”有人吃燕窝、鱼翅才会喜悦，天下的道理却让我心里如此喜悦。为什么圣人讲的话让我如沐春风、怦然心动呢？难道我们活着不是只为了吃饭，我们还要听天下的道理吗？正是如此。我的喜悦是因为我听闻了天下的真理和道义。

理和义如此让我们喜悦，是因为我们的心要像磐石一样立在道上。我们常说建房子要建在坚实的地基上，房子才牢靠。我们的人生能否走得好、走得平安，我们的心也要像磐石一样立在道上，要走正道。我们教孩子要走正道，不要走邪门歪道。正道是有利于你的成长，有利于你的生命的。

孟子说有一首诗，《诗》曰：“‘天生蒸民，有物有则。民之秉彝，好是懿德。’孔子曰：‘为此《诗》者，其知道乎！故有物必有则，民之秉彝也，故好是懿德。”

《诗经》上说：上天生育了万民，事物都有法则。民众把握了常规，崇尚美好的品德。孔子说：做了这篇诗的人恐怕真的是懂得了大道呀，因为天下的事物必定有法则，民众把握了常规，故而崇尚美好的德行。

理义悦我心。说到这种内心的喜悦，是不是来源于君子的本性呢？我记得孟子见梁惠王，对梁惠王的台池鸟兽毫不动心，反而劝梁惠王与民同乐。说贤者不乐此，不贤者虽有此，不乐也。

这和孔子讲的是一样的，“不仁者不可以久处约，不可以长处乐。”说的是不仁的人不可以长久地居于穷困中，也不可以长久地居于安乐中。只有君子的心性是一，居于穷困不气馁，通达天下不骄横，无往不乐，因为君子的心是立在道上的，是不生不灭，不增不减的。我从这里看孟子，我也坚定了信心，懂得君子的心性是不增不减的。

孟子曾讲："吾四十而不动心。"他的心已经立在道上，不会被外物所左右。无论是梁惠王的台池鸟兽，还是齐宣王的雪宫，他都不会动心的。

孟子曰："广土众民，君子欲之，所乐不存焉；中天下而立，定四海之民，君子乐之，所性不存焉。君子所性，虽大行不加焉，虽穷居不损焉，分定故也。君子所性，仁义礼智根于心，其生色也睟然，见于面，盎于背，施于四体，四体不言而喻。"

孟子既知道人心世道，也深具理想。他说，广大的土地，众多的民众是君子所向往的，但是他的乐趣却不在此。可能人们会说君子真酸，让你做官你也不做吗？其实，也未必。广大的土地能够治理众多的民众，保佑百姓，也是君子向往的。当出仕也应出仕。但是，君子的乐趣却不在于此，心性不在于此。位居天下的中央，安定四海的百姓，这也是君子所快乐的，但是他的本性也不在此。

君子的本性在哪里呢？即使显贵、通达也不应该增誉，即使穷困、隐居也不应该减损，这是本性已定的缘故。

他的本性不会因为显贵通达就增加很多了，也不会因为穷困隐居而没有了。他为什么不改其乐呢？因为他不会因为达而怎么样，不会因为穷而怎么样。这是君子本性已定的缘故，在任何环境下都是这样的本性，既不会过于显贵、骄傲，也不会内心埋怨、悲伤，很自然，很坦荡。

君子的本质是仁义礼智根植于内心，则显示于外表是温润与和顺。修养于内而充溢于外，不必言说，就知道志趣所在。这就是我们说的“诚内而形外”。

归结到孟子的一句话就是：“万物皆备于我矣。反身而诚，乐莫大焉。强恕而行，求仁莫近焉。”

是的。万物都在我心中。反躬自问诚实无欺，便是最大的快乐。尽力按恕道办事，便是最接近仁德的道路。

人生之乐，往往是在苦难之中见光明，孟子也是给出了明确的说法，要进行自我激励。

我做节目的时候，有人发来短信说，我每个月只有 1000 元钱，可能自己租房子都还不够，怎么可能带孩子，我还在苦苦地挣扎，人生与我有何意义？我们看看孟子是怎么回答这个问题的吧。

孟子有一大段话，是我们特别熟悉的。孟子曰：“舜发于畎亩之中，傅说举于版筑之间，胶鬲举于鱼盐之中，管夷吾举于士，孙叔敖举于海，百里奚举于市。故天将降大任于是人也，必先苦其心志，劳其筋骨，饿其体肤，空乏其身，行拂乱其所为，所以动心忍性，曾益其所不能。人恒过，然后能改。困于心，衡于虑，而后作。徵于色，发于声，而后喻。入则无法家拂士，出则无敌国外患者，国恒亡。然后知生于忧患，而死于安乐也。”(《告子下》)

这段话特别常见，几乎每个人都学过。“生于忧患，死于安乐”。为什么富不过三代？因为过于安乐了，没有进取之心。只有生活在忧患之中，而知道自己使命的人，才能奔着使命去不懈地奋斗。只是生在忧患之中没有什么用，还要知道“使命”。这两个结合起来才能够成就大事。所以孟子说：天将要把重大的责任交给那个人，一定要先苦痛他的心性志向，操劳他的筋骨，饥饿他的肌体，穷困他的身子，使他的行为屡屡不能称心如意，每做一件事都失败，用这些来锻炼他的心智，坚韧他的性情，反而增加他所欠缺的能力。我觉得这真是不得了。君子只有经过这个过程，经过这个黑暗，你才能得见光明。好比：我很喜欢沉香。沉香多苦啊，热带地方的一种树，雷劈它，风刮倒它，虫子咬它，人还用烟熏它，用刀子砍它，它流出来的液汁便为沉香，它的身体腐烂了之后，掉进水里，千年之后还是遍体生香。我想这跟君子是一样的，就是君子之香，无论处在多么恶劣的环境之中，无论受到多少人的蔑视，最后散发出来的东西还是芬芳。我们每个人，无论处在什么样的环境里，都要有这样的心性；无论处在多么的苦痛之中，都要有对于光明的盼望。这才是高的格调和高的境界。

我们说在苦难当中要见到光明，说到底还是要修炼自己的心性。刚才孟子的这段话在任何时候对任何人都是适用的，要自我激励。知道自己的心性，然后去锻炼它，然后很好地去修养它，肯定是有所成就的，哪怕我们的钱财可能像颜回一样，没有多少，但是心里是非常的安乐，是幸福的。但是，很多人的心会受外物的牵动，向外去求富贵，去求其他的一些，又往往求之不得，痛不欲生。像这样的一种情况下，怎么样才能使自己解脱？刚才我们指了一条路，就是还要“修身养性”，还是要求内在心灵的支撑。

特别是要求心，要求回放逸之心，不能被外物所牵引，比如心中不安，是因为那个豪宅又涨了多少了。其实君子真的不为所动。古代一句话：求在我者和求在外者之间的一个分别。君子的心是求诸己的，外界的东西纷繁复杂，太复杂了。

我听过佛家的伽蓝那鸟的故事。佛说：你看那五彩斑斓的伽蓝那鸟颜色多么丰富，其实人的心比伽蓝那鸟的颜色更加纷乱，如恒河沙数。所以，孟子说要把心从外面求回来。孟子曰："仁，人心也；义，人路也。舍其路而弗由，放其心而不知求，哀哉！"仁是人的心，义是人的路，舍弃人的路径而不去走，丧失人的本心而不知道去找回来，可悲呀！圣人的学问之道没有别的，只是寻求人们所失去的本心而已矣。

孟子说："求则得之，舍则失之，是求有益于得也，求在我者也。求之有道，得之有命，是求无益于得也，求在外者也。"孟子说：求索这颗心，关注这颗心，就能得到人生的道理。放弃，不去寻求，就会失去这颗心。

儒家的喜悦是乐在任重道远，我们比较一下，道家又乐在何处呢？

庄子在《至乐》篇中说："天下有至乐无有哉？有可以活身者无有哉？今奚为奚据？奚避奚处？奚就奚去？奚乐奚恶？"

天下有最大的快乐还是没有呢？有可以保护生命的办法还是没有呢？如今应该做些什么？应当依据什么？应当回避什么？应当安心什么？靠近什么，又舍弃什么？应该喜欢什么，讨厌什么？

庄子说："夫天下之所尊者，富贵寿善也；所乐者，身安厚味、美服、好色、音声也；所下者，贫贱夭恶也；所苦者，身不得安逸，口不得厚味，形不得美服，目不得好色，耳不得音声；若不得者，则大忧以惧。其为形也，亦愚哉！"

可不是吗？世上的人们所尊崇看重的，是富有、高贵、长寿和美名；所爱好喜欢的，是身体的安适、丰盛的美味、华丽的服饰、绚丽的色彩和动听的音乐；所讨厌的，是贫穷、卑微、短命和恶名；所苦恼的，是身体不能得到舒适安逸、口里不能吃到美味佳肴、身上没有华丽的服饰、眼睛看不到绚丽的色彩、耳朵听不到悦耳的音乐；如果得不到这些东西，就大为忧愁和担心。他们用这些方法来保养生命，实在是可笑啊！

庄子说："夫富者，苦身疾作，多积财而不得尽用，其为形也亦外矣。夫贵者，夜以继日，思虑善否，其为形也亦疏矣。人之生也，与忧俱生，寿者惛惛，久忧不死，何苦也！其为形也亦远矣。"

他总结道："今俗之所为与其所乐，吾又未知乐之果乐邪？果不乐邪？吾观夫俗之所乐，举群趣者，诬诬然如将不得已，而皆曰乐者，吾未之乐也，亦未之不乐也。果有乐无有哉？吾以无为诚乐矣，又俗之所大苦也。故曰：'至乐无乐，至誉无誉。'"

那些有钱的人，辛辛苦苦地劳作，积攒了许许多多财富却不能全部享用，他们养身的方法不是大错特错了吗？那些地位高贵的人，夜以继日地苦苦思索怎样做才会保全权位和厚禄，他们用来养身的方法不也是不太正确吗？如今世俗的人们所追求的和感到快乐的事，我真不知道那快乐果真是快乐呢，还是算不上是真正的快乐。我观察那世俗所认为快乐、欢欣的东西，大家成群结队全力去追逐，拼命争夺，不达目的决不罢休。人人都说这就是最为快乐的事，而我并不看作就是快乐。世上果真有快乐还是没有呢？我认为清静无为就是真正的快乐。

天下所乐的"身安、厚味、美服、好色、音声"使人陷于物欲苦苦不能自拔，这能是真正的快乐吗？

我念老子《道德经》第十二章的时候，读到这样的教诲：

“五色令人目盲，五音令人耳聋，五味令人口爽，驰骋畋猎令人心发狂，难得之货令人行妨。是以圣人，为腹不为目，故去彼取此”。说的是什么？缤纷绚丽的色彩使人眼睛变瞎，优美动听的音乐使人耳朵变聋，丰盛精美的食物使人胃口败坏，纵情于驰马打猎使人身心放荡，稀有珍贵的物品使人做出偷盗这类恶行。因此，圣人但求安饱而不追逐声色之娱，要避免感官的过分刺激，舍弃过多的欲望，不为物役，恬淡为上。

这些五色、五音、五味、驰骋田猎、难得之货，与生命比起来，哪个更重要呢？是生命本身。庄子的道是关于生命的道，是关于心灵自由之道。是独与天地精神往来之道。道家所要的是物物而不物于物，摈弃过分的感官享受，返璞归真。

庄子在《达生》这一篇里有一句话，值得我们汲取：凡外重者内拙。凡是太看重外物的人，他内心就会变得笨拙。

庄子认为，不能以物累心。法乎天地自然，清静无为，自由地遨游在这世间，就是道家的至乐啊！

儒家、道家、佛家都在讲“乐”，真正的幸福与快乐无一不是心灵的快乐。

| 第六章 |

尽心以知天

我们能以一颗凡心，来窥见精妙深奥的天命吗？

古罗马的普罗丁说："没有眼睛能看见日光，假使它不是日光性的。没有心灵能看见美，假使他自己不是美的。你若想观照神与美，先要你自己似神而美。"

中国的孟子说："充实之谓美，充实而有光辉之谓大，大而化之之谓圣，圣而不可知之之谓神。"

何以似神而美，何以与日月同辉？孟子说"尽心"，张载说"大其心"，一也。

何谓尽心？尽心这个词在《孟子》里是很有深意的，它语出《孟子》的《尽心上》。

孟子曰："尽其心者，知其性也。知其性，则知天矣。存其心，养其性，所以事天也。夭寿不二，修身以俟之，所以立命也。"

尽力扩张你善良的本心，这就是懂得人的本性。懂得了人的本性，就懂得天命了。保持人的本心，培养人的本性，这就是我们对待天命的方法。对于寿命的长短，人们不应有什么疑虑，只要专心地去修身养性，以等待天命，这就是安身立命的方法。君子素其位而行，正如《中庸》上说的，"君子居易以俟命，小人行险以侥幸"。君子安然自处来顺从天命，小人铤而走险来寻求侥幸。

《论语》里讲过人要顺应天命，这不是一个迷信的说法，天地之行有自己的规律，有它的大道。所谓天命，从积极的方面理解，就是世间大的规律、大道。人秉承天命，就是君子的使命。

《孟子》这里涉及三个概念：心、性、命。这几个概念是孟子思想的核心。“心”是人的神明，你可以观察到自己的内心；“性”是心之所具之理；“命”是天命。所以，性由天命是天之所赋予我者。

程子曰：“心也、性也、天也，一理也。”王阳明也说：道即性即命。心之体，性也。

简单来讲，“心”是我能体会到的，自存于我的知觉之中的；性是我从天而来的禀赋的精华；天以此赋予我，我以此存于性；命是一切的来源，是我应当顺应的。

我经常在院子里看到紫荆花开得非常的明艳，我想日月星辰的运行，春夏秋冬四季的变化，这不是树能够掌控的，这是天意、天命，大道之行。但是一棵树可以有天地之气的禀赋，它可以吸天地日月之精华，它能够感受到春天的温暖，秋天的肃杀，于是相应地做出反应和变化，春天开花，秋天落叶，这就是树的性，所以它是顺性而为的。一棵树没有道理违背天道和本性存在的。它虽然不能够掌控天命，但是它可以顺应天命而行。这就是一棵树的性。

一棵树是植物，如果它是含灵之物的话，它能够理解、参透自己内心的话，是可以开出绚丽的花朵的。这就是天性和心的关联。

天、地、人，其实是有关联的。树犹如此，人何以堪？人也是如此的。比如说：世界的变化，历史的沉浮，人物的迁徙，不是个人完全能够掌控得了的。

我们是生活在历史漩涡中的，常常是历史在决定我们，是时代在决定着人们，不是我们单个的人能决定时代。孟子说孔子是“圣之时者也”，是说圣人能够与时俱推。大势所趋，顺势所为。这是趋势，是天命，是潮流，是时代。

在大潮之中，有些人有先知，有觉醒，有觉悟。他用上天赋予他的禀赋来做事，做出相应的反应，这不就是人性吗？在某些行业里面，有些人做得非常的出色，无论是政治、经济、军事、人文、科学，他发挥了天之所赋予的禀赋，把自己的潜能，把自己的天才发挥得淋漓尽致，这不就是顺从天意的人性吗！你改变不了许多事，但是你可以顺应这个潮流，来做出一些功业，做出你的贡献，有你自己内在的气势。这个很重要。

人又是一个“含灵之物”。我们每个个体都能够在做每件事前审查自己的内心，或者恻隐，或者羞恶，或者辞让，或者是非。这就是一颗智慧的心。我知道自己做这件事情对与不对，每件小事我都知道自己的内心里是怎么想的，这是我们的智慧。这就是命、性、心。命是天道，性是天之所予，本自具足的禀赋，心是灵明。心、性、命是贯通的，一以贯之的。

我经常跟人说，人要问自己三句话：第一人要问自己，我是否知我的心？你是否真正的了解自己的内心呢？你要扩张我内心的善念到极致，我有没有做到这一点？孟子说，“人能充无欲害人之心，而仁不可胜用也。人能充无穿踰之心，而义不可胜用也。”人若爱人，不想害人，仁就用之不尽了，人能不去做挖洞跳墙的下流事，义就用之不竭了。所以人要问自己的心：大丈夫之气、阳刚之气是否充满了我的全体？这是很重要的。

第二人要问自己：我是不是尽了我的心？人家不理你，要反省自己，是不是自己做得不够好，是不是没有做到极致呢？如果我至情至性，人家肯定会心动的。一定是我哪个地方没有做到至情至性，所以他不为我所感动。人是否尽了自己的心呢？是否被恻隐、羞恶、辞让、是非之心所充满？是否得见我的本性呢？我自天禀赋而来的本性是否真的体会到了？上天赋予给我的责任，我是否尽到了？

第三人要问自己：我若是尽了自己的心，我若是参悟到了我的本性，参悟到了自己的责任，我是否真的懂得天命了？我若是悟得了天地万物，对事物能够融会贯通，我们不就悟得天意了吗？我们不就识得天心了吗？

人们会说：天你看不到，命你也看不到，心也看不到，性也看不到，你说这话，岂不是迷信吗？其实，看不见的东西有时比看得见的东西更珍贵。人的精神你看得到吗？人的心灵你看得到吗？人的品德你看得到吗？看不到，但是它能够表现出来，你能够领悟得到。所以，你能不能懂得天心呢？能不能懂得天性呢？万物的诉说你是否懂得呢？

我们在读《论语》的时候，孔子说："天何言哉？四时行焉，百物生焉，天何言哉？"

你什么时候看见过天跟你说话了？没有啊。天不存在吗？天存在。它从哪里表现出来？四季流转、天下万物在生长。你看到这个了，如果还看不到天，那你就太傻了。你就要去通达，去理会。

用你的心观看，用你的心倾听。你不要说天不说话，那满目的翠绿从何而来的？那遍野的金黄从何而来的？如果天不能说话，是谁让花开，是谁让叶落呢，是谁让草枯黄呢？所以，我们知道有大势，有天地大道的运行，这是否认不了的。

孟子接着说："莫非命也，顺受其正。是故知命者，不立乎岩墙之下。尽其道而死者，正命也。桎梏死者，非正命也。"

天地万物无一不是命运，这都是天地之道的运行，是有它的规律的。所以，顺理而行，所接受的便是正命。按照这个天性的道理来做，你就是正命。春天播种，秋天收获。懂得命运的人，不站在危墙之下。如果墙都要倒了，你还站在墙下，不顺应天命而行，你肯定会受到伤害的。所以，你得懂得怎么样来顺应天命。

也就是说，尽力行道而死的人所受的是正命，陷身囹圄而死的人所受的不是正命。人能够顺从命运，但是人不会自取灭亡。人必不可立于危墙之下，自取覆压之祸呀！

死于寿终正寝，还是死于非命，这可能跟你自己的行善行恶还是有关系的。虽然命数的长短，人无法知晓，但是行善还是作恶，则是系于己身的。为仁由己，作恶也由己。多行不义，只怕命不久矣。

只有"顺从天命"，同时，人要理会、体会这个天命，要正道直行。孟子讲的是人的重要性。天命不可把握，你能把握的是自己，能把握你所走的道路。

有时会联想起古罗马的皇帝马可·奥勒留，他有一本书叫《沉思录》。他说了这么一句话：人怎么能顺应自然的规律，天地的规律，就是要在内心里保持一个宁静，一个平静。《沉思录》里说：要像自立于不断拍打的巨浪之前的礁石，它巍然不动，驯服着它周围海浪的狂暴。

虽然事物在不停地变化，巨浪在拍打这个礁石，但是因为内心的心性，它知道自己能做什么事情，它知道在何种的道路上能够顺应天命，所以，它巍然不动，驯服了它周围海浪的狂暴。这也是所谓的“不动心”。

你知道本性的意志，那发生的事情将阻止你做一个正直、高尚、节制、明智、不受轻率的意见和错误影响的人吗？他们都不能影响你。难道它将阻止你拥有节制、自由和别的一切的好品质吗？都不能。因为你的本性是好的，你走的是正路。

事实上，我觉得说孟子求之于“天”，不如说他更求之于“人”的；与其说他求之于“外”，不如说他是更求之于“内”的。所以，他要问己，要求己。

天在哪里？在人心里。对人自身的要求突显出来了。此天，并非从外面去找，是从你的内心去找。孟子曰：“求则得之，舍则失之，是求有益于得也，求在我者也。求之有道，得之有命，是求无益于得也，求在外者也。”

孟子说：探求这颗心就会得到，放任就会失去。这是有益于得到的探求。因为我所探求的对象存在于我本身之内，我在向内而探求，寻求我的心。另外，探求虽有途径，能否得到，却是听从于命运的。这是无益于得到的探求，因为探求的对象存在于本身之外。

如果你向外探求，需要那些吃的、喝的、穿的、用的东西，这些有时候是不完全决定于内心的，还有一些自己不能把握的外在因素在里面，人最终能够安身立命的，还是求诸于己，求诸于内心。

比如仁义礼智，仁对于父子，义对于君臣，礼对于宾主，智对于贤者，圣对于天道，这些人类的道德理想的实现，孟子认为，都有命的影响，有时势的影响，但是无论在何种情势下，一个君子，都要努力实现这些道德理想，因此，君子求诸己，把道德理想看作是人性的要求，而不把它们看做是命（实现与否由时势决定）。这是君子有为的心、性、命。

孟子曰："万物皆备于我矣，反身而诚，乐莫大焉。"

孟子说：万物皆具备在我自身，反躬自问，自己曾忠实于自己的内心，通过内心的审视，明觉了天理大道的正确，这便是最大的快乐。勉力地去推行忠恕之道，推己及人，将心比心，求仁的途径没有比这更近的了。要从内在的心性去探求，这是大体，是一，是整全的智慧。

仁义礼智，根在人心。尽己之心，推己及人。仁，是全德了。我们体会仁者爱人，便是从心开始。人皆有不忍之心。这种不忍之心，是天地大道，人性之源。我们在母亲慈祥的眼神中看到了它，那么慈爱，那么宽容，那么怜悯。

这是亲亲之情，难舍难分；悠悠我思，爱之弥深。仁道，也不仅是"爱亲"，还是"爱人"，博爱天下之人，泛爱天下之人。孔子食于有丧者之侧，未尝饱也，子于是日哭，则不歌。今人乍见孺子将入于井，皆有怵惕恻隐之心。这些都是赤子之心。是火之始燃，泉之始达。

"尽心"应该说是自我体察、自我修炼的一个功夫。但是，我们在喧嚣的世界里面，怎么样才能够平静地自修，得到理性的快乐和心灵的平静呢？

这是最难的事情。

“孟子谓宋勾践曰：子好游乎？吾语子游。人知之，亦嚣嚣。人不知，亦嚣嚣。”

“嚣嚣”，是指自在，有自得之乐。

孟子对宋勾践说：你喜欢游说各国的君主吗？那我告诉你游说的道理吧。别人了解你，你也安然自得；别人不了解你，你也安然自得。内心有自己的坚守，有自己做人的道理。

“曰：‘何如斯可以嚣嚣矣？’”

宋勾践说：这种太难得了。这种安详自得的心境非大有涵养之士不能为啊。怎么办？

“孟子曰：‘尊德乐义，则可以嚣嚣矣。故士穷不失义，达不离道。穷不失义，故士得己焉；达不离道，故民不失望焉。古之人，得志泽加于民；不得志修身见于世。穷则独善其身，达则兼善天下。’”

人何以做到这样平静？孟子认为，如果每个人都以德行为尊贵，以道义为快乐的话，就能悠然自得，无所求。所以，士人在穷困时不失掉义理，能够保持自己的操守；在显达时也不违背正道，不会使百姓失望。古时候的人得志时就施恩于百姓，不得志时便修养德行，立身在世。穷困时能够独善其身，显达的时候就兼善天下。

孟子一直在强调两句话：“穷不失意”和“达不离道”。难道人穷了就不会把握这个操守？人富了就不会讲道义了吗？确实，生活中有发生这样的情况。无论是孔子，还是孟子，都讲到了在两种环境中人的心如何能够达到平静。在陋巷，在艰苦的环境，你能不能保持节操？你富了以后，你能不能够不变化，能够保持道德的德性呢？

为什么总是强调“穷不失意，达不离道”呢？

俗话说：人穷志短，马瘦毛长，为富不仁。都说人的心在这个环境里放不平。孟子说：君子的本性是不增不减的。孟子曰：“君子所性，虽大行不加焉，虽穷居不损焉，分定故也。”君子的本性即使显贵、通达也不会争议什么；也不会因为穷困隐居而减损，因为君子的心本身是固定的。确实，我们也看到一些不好的情况，有的人因为穷而失了人格，或者有的人富了以后会变得很骄横。为什么会出现这样的情况？

孟子打了个比喻。孟子曰：“饥者甘食，渴者甘饮。是未得饮食之正也，饥渴害之也。岂惟口腹有饥渴之害？人心亦皆有害。人能无以饥渴之害为心害，则不及人，不为忧矣。”

不得正道，就有邪僻。饥饿的人觉得什么东西都好吃，口渴的人觉得什么饮料都好喝。这是因为没有得到饮食的正常滋味，是因为饥饿干渴损害了他的味觉的缘故。难道是仅仅肠胃受饥饿、嘴巴受干渴的妨碍吗？人心也会受到同样的妨碍。如果人们能够不使饥渴的妨碍来困扰我们的心志，即使富贵不如人也不会忧愁的。

在心性不平衡的情况下，我们对于人生价值的一些基本判断已经受到了影响。在这样的情况下，人的心性很容易偏离正道。所以，我们要警醒自己，一定要知道正在哪里，准绳在什么地方。不能因为我住在陋巷，我想要好房子，我就去偷、去抢、去杀人，这肯定是不对的。

我们一直在讲修身养性，讲孔子、孟子。大家好像还是有困惑，似乎在现在这种焦虑的状况下不太可能。经常要去求证自己的内心，认识自己，花费大量的工夫去做这件事情，好像非常的困难。我们能否找到简便易行的功夫能为我所用，使我们很容易理解“尽心”和“养心”呢？

孟子曰：“无为其所不为，无欲其所不欲，如此而已矣。”

不做不应该做的，不贪求不应得到的，如此而已。

朱熹解释道：“有所不为不欲，人皆有是心也。至于私意一萌，而不能以礼义制之，则为所不为、欲所不欲者多矣。能反是心，则所谓扩充其羞恶之心者，而义不可胜用矣，故曰如此而已矣。”

人平常情况下都知道这个不该做，奶粉里不能添加毒素，鱼不能用硫黄来熏，但是有时候内在的欲求过了以后，就不能够用正确的道路、正确的准绳，来制衡自己的心了，就不能以礼仪来制止了，所以有人就为所欲为了。不去做的也去做了，不该行的也去行了，不该向往的也去向往了，不该愉悦的也去愉悦了。其实，你能够反躬自省，自己稍微思考一下，想想这些令人羞恶的事，是令人不耻的事情，不该去做。不去做这些不该做的，君子要“思无邪”；去做应该做的事情，这就是“尽心”了，这就是“养心”了。难道还有什么别的更复杂的事情吗？

所以，孟子要求士人要尚志。

王子垫问曰：“士何事？”孟子曰：“尚志。”曰：“何谓尚志？”曰：“仁义而已矣。杀一无罪，非仁也；非其有而取之，非义也。居恶在？仁是也；路恶在？义是也。居仁由义，大人之事备矣。”

孟子与齐王之子垫有一段对话。垫问：士人是做什么事的？孟子说：就是使心志高尚，志行高洁。什么叫做“心志高尚”啊？孟子说：就是“仁义”二字啊。杀一个无罪之人，这不是仁啊。不是自己的东西，你把它取来，据为己有，这就不是义啊。内心的居处在哪里？在“仁”上面。所行之路在哪里？在“义”上面。所以，居于仁，行于义，大人君子的事物就齐备了。你有“仁义”两个字，你做所有的事情都是对的，没有差池。

认识了自己的心，所做的这些事情就能立在天命上了，也就是坚持了“仁”和“义”。

你认识了自己的心，认识了自己的本性，按照自己的本性来做，其实你就认识了天意。“天何言哉?”但是，天要你行的是“仁义”。这样，天下才能归心。

说到底尽“心”还要尽“仁义”。

有一首歌是这样写的：

仁爱是北斗星，挂在高高的山冈
为夜行的人啊，指引着方向
天下的耕者，都愿意来到你的原野
天下的士人，都愿意站在你的身旁
天下的商旅，都愿意停留在你的驿站
天下的行人，都愿意欣赏你花朵的芬芳
人无有不善，水无有不下
天下的江河，奔向仁者之邦
花朵在开放，鸟儿在飞翔
忧郁的人欢笑，沉默的人放声歌唱
这是父母之邦，袒露生命的光芒
老者安之，少者怀之，朋友信之
天下颠连无告者幸福地徜徉

仁者的爱在天空中弥漫
仁者之心，令人向往

尽心，就是扩充这颗仁者的心；养心，就是存养这颗义者的心。仁义啊，是天下最柔软的心，是天上最亮的北斗星。众星环绕，光辉普照，凝聚四海之人。万川归海，天下归仁，我们怀着喜悦聆听。

第七章

不忍人之心

当我们匆匆前行的时候，看见路边哀号的人，是否会有不忍的心？

西方人说，要有博爱的心。中国古代的哲人说，博爱之谓仁。

儒家讲的安心，是指人安住本心，安住在良知。而良知，首要的是恻隐之心，即“不忍人之心”。西方人说，要有博爱的心。中国古代的哲人说，博爱之谓仁。

我们是礼仪之邦，当我们看到小悦悦被车两次碾过，而路过的18人均不予理睬的时候，我们不忍的心在哪里呢？我们要反躬自问，当我们匆匆前行的时候，看见路边哀号的人，是否会有不忍的心？

孔孟之道，是仁爱之道。《论语》中说，“子食于有丧者之侧，未尝饱也。子于是日哭，则不歌”。孔子讲仁者爱人，孟子讲人人都有怜悯他人之心。孟子在回答他的弟子公孙丑的提问时说：“人皆有不忍人之心。先王有不忍人之心，斯有不忍人之政矣。以不忍人之心，行不忍人之政，治天下可运之掌上。”人人都有怜悯别人、不忍别人受苦的心。先王有怜悯他人之心，于是才有怜悯他人的政略。凭着怜悯人之心，来施行怜悯人的政略，治理天下有何难哉！譬如有人突然看到一个小孩要掉到井里去了，任何人都会有惊骇同情之心。这种心情的产生，不是沾亲带故，非为沽名钓誉，只因为心中十分不忍。人同此心，四海皆然。人既然皆有不忍人之心，那么，没有同情之心，就不是人，没有羞耻之心，就不是人，没有谦让之心，就不是人，没有是非之心，就不是人。

仁之发处是自是爱。同情之心，是仁的发端；羞耻之心，是义的发端，谦让之心，是礼的发端，是非之心，是智的发端。人人具有这四项发端，就如同人生来有四肢一样。这四种人性善良的发端，就好比刚刚燃起的火焰，刚刚涌出的泉水，人若知道扩充其内在的德性和人性，就可以安定天下；人若丧失了它们，就沦为禽兽，不保朝夕。同情之心是仁的发端。仁之发处自是爱。你知道爱别人，同情别人，这就是仁心的发端啊，要赶紧让它发扬光大，让幼苗长大。羞恶之心是义的发端。义是反省。我做了不义的事，会感到极端的羞耻，无地自容，这就是义。知道什么是正当的，什么是不正当的。谦让之心是礼的发端。与人交往，知道礼貌、礼节，知道秩序，那是多好的事情啊。你是愿意自己的孩子出去蛮横无理，还是彬彬有礼，有君子之风呢？是非之心是智的发端。人能分清仁与不仁，能辨别善恶、荣辱、美丑，知道当为不当为，当行不当行，这才叫有智慧啊！安心，才能安四海，安天下。

不忍之心是生命之树。我想起之前央视讲过一个故事：《13年的拯救》。有个小孩一岁的时候还是挺好的，但是到了两岁，变得口不能言，脚不能行，父母也不知道什么原因。遍寻良医，背着他到处寻找良医生。这是一个贵州乡下农民的孩子，父母打工没有多少钱，把仅有的一点打工的钱花在孩子身上。到了十三四岁的时候发现了更严重的情况，孩子发生了癫痫，像狼一样嚎叫，浑身发抖，不能站立。人家说：这孩子已经废了，父母不用再为他考虑了，因为家里已经没有钱了。父亲说了一句话，我很是感动。他说：我绝对不会放弃他，我任何时候都没有想过要放弃他，我就算讨米也要给他治，也要把他养活。正好有一个军医院，给他治好了，还孩子健康的身体。整个故事让我感动的倒不是医学的昌明，而是这个父亲的坚守，一个对人的爱，能够奔波13年还能坚持，有多少人能做到这一点呢？我救了你了，我拿了一杯水扑灭不了火，我不是没有做，救不了火不关我的事。但是你有没有用坚持的力量去做这件事呢？为什么能一直坚守而不放弃，就是不忍心让自己的孩子受苦啊！

父母对孩子有割舍不了的亲情，孩子对父母也充满敬爱。治家开始于孝道。因为从孝道，可以亲证父母和子女的亲情是多么的真切，这是赤子之心，一切爱的开端。

“孝”是儒家思想开始的地方。所以，孔子也好，孟子也好，都是非常重视家庭的。孟子曰：“天下之本在国，国之本在家，家之本在身。”这三句话很重要。天下之本在国，国做得怎么样？国的本在每个家，每个家做得好不好是要在于身，在于你自己的修养。所以，“修身，齐家，治国，平天下”就是这样来的。如果你说要去平天下，但是你一屋不扫，如何去扫天下呢？事业与家庭是联系在一起的，所有的成功也罢，什么也罢，都是要跟家庭分享才会有意义。孟子曰：“不得乎亲，不可以为人；不顺乎亲，不可以为子。”不得到父母的爱不可以做人，你不可能出生出来；不顺乎父母的心愿，不可以成为人子。孟子曰：“尧舜之道，孝悌而已矣。”尧舜之道，就是“孝”和“悌”。我们经常爱说的一句话是“老吾老，以及人之老；幼吾幼，以及人之幼。天下可运于掌。”爱自己的父母也爱别人的父母，爱自己的孩子也爱别人的孩子，尽己之心，推己及人，天下归心，万川归海，治理天下不就是很容易的事情了吗？人亲其亲，长其长，而天下平。

我刚念《论语》的时候，觉得开篇都能感受到圣人的悦乐，念《孟子》时，又感受到孟子的理义悦我心的境界。其实儒家教人生活得快乐，而不是沉重。我觉得如果现代人能把心唤醒，把心修养好的话，我们就没有理由不快乐了。我们家庭非常和睦，我们把子女教育得非常得当，我们和同事的关系非常和谐，对于社会的发展，我们能够贡献自己的力量。如果我能做到“吾日三省吾身”的话，必然对整个大的走势，社会的走势，和我自身应该达到一种什么样的发展，会有一个比较清醒的认知。但是在现实生活中，在我们身边充满了不快乐的人。佛家讲：贪瞋痴是不快乐的来源。事实上，仔细分析，真的很难逃出这三个字所概括的内容。

孟子说，人人具有仁义礼智这四种善心的发端，就如同人生来有四肢一样。具有这四种开端的人，就好比刚刚燃起的火焰，好像开始流出的泉水，假如能够扩充它们，就足以安定天下；假如不去扩充它们，就连赡养父母都不行。

为什么“以不忍人之心，行不忍人之政，治天下可运之掌上”呢？

很好理解啊，就是他人有心，予忖度之啊。如果你有不忍人之心，那么行出来的，就一定是不忍人之政。如果你不忍人失养，那么你就一定要考虑民生民计，要厚生；如果你不忍人失学，那就要千方百计搞均衡教育，有教无类，让所有的孩子都能接受教育。以心比心，以心传心，就可以老吾老以及人之老，幼吾幼以及人之幼。天下虽大，以此心治之而有余矣。

治国安邦，理念何其重要！如果真能做到以人为本，重视民本、民生，天下百姓哪有不拥护的呢，天下百姓都拥护你了，天下运之掌上，有何难哉！

孟子打了一个很好的比喻，说人有四种善的开端，就好像人有四肢那么自然，那么现实生活是这样的吗？

孟子是性善论的坚守者，为此他不惜与各派论战，驳斥异端。他用一个颠扑不破的事实来说话，证明人有善的发端，这大抵是不错的。上面说了，人都有怜悯他人的心，有不忍人之心，何以见得，何处得知？从人的情感的真实流露去验证。比如有人看见一小孩要掉入井中，你说你会毫无所动吗？对人的爱，是人的天然的情感，不忍人之心，是人人具足的，真真切切的。我们接近了一个真理了。一个普世的真理：爱是对我们每个人的生活起维系的作用的，是能够凝聚我们每个人的心的。这是爱的最重要的部分吧。所以它在哲学上，在伦理学上，我觉得它处在基础的一个位置，最基本的位置。一切的东西都要从人性来出发，从人性来考量，这样我们社会的秩序、人的生命的成长才能有一个好的保障。爱心，不忍人之心在哲学上、伦理学上应该是处在一个最基本的位置。在我们转型这么急剧的一个社会里，像以前那种很亲的关系，亲属的关系，兄弟姊妹的关系，是好理解的，最难的是，面对陌生人的时候，你怎么来处理人与人的关系，就会展现你人性的本质。像小悦悦被来往的车辆碾压两次，18 人走过而冷漠相对，这可能是孟子没有想到的事情，我们是否需要思考一下，人性所出现的问题呢？你与陌生人的他或她是什么关系？你怎么来表现你的人性呢？

人们会问，恻隐之心，羞恶之心，辞让之心，是非之心，在当今的世上，我们还需要讲这四种心吗？

当然要讲，毫无疑问。恻隐之心，就是爱啊，就是仁心、爱心。有羞耻之心，就知道哪些事可做，哪些不可做。孟子说过，“耻之于人大矣。为机变之巧者，无所用耻焉。”意思是说，羞耻心对于人至关重大。玩弄机谋巧诈的人是不知道羞耻的。人不能做害羞的事。辞让，是礼节与秩序的问题，是非之心，也是利益面前，当取不当取、当为不当为的问题。我们看到大头奶粉事件，同类相残，情何以堪？还有毒粉丝、毒大米、毒油之类。我们从这些有形的东西中看到什么呢？并不是毒的大米、毒的油，毒的药品，我们看到的是一颗毒的心。人心本是善的，如何变成毒的呢？如果说心是善的，那为什么有杀人的？为什么有骗子呢？为什么有很多很多不好的事情呢？孟子说，人心本是善的，这是从根本上说的，从人性上说的，但人后天被物欲所蔽，便会使人性发生扭曲，从而丧失本心。要回到善良的本性，唤回善良的本心，必须养心啊！整日只看到钱，看不到人，心灵得不到涵养，就会枯竭。钱财不是恶，但君子爱财，取之有道。你不取之有道，你想快富，不惜用别人的生命做你的垫脚石，那么青山绿水，就会变一地骷髅了。一切皆因你不知信仰，不知修炼，不知道珍视自己的本性。生命之树没有了，智慧之花如何附着？你对人的爱不能留存，人间的温暖岂能存在？有时人走得太远，迷失了来时的路。

要回到人的善根，善性。像星星之火，像点点清泉，你呵护它，扩充它，火能成燎原之势，细流可成江海之源。

保护这四心，扩充这四心，让我们的内心有强大的力量，君子的内心有坚守，能够立在道上，矢志不移。让心中德性的幼芽生长，不要让牛马去践踏，让飞鸟去啄食。

儒家很强调人禽之辨、义利之辨，孟子说人和禽兽的区别，就在于人存有一颗“心”。

在《离娄下》中，孟子曰：“人之所以异于禽兽者几希，庶民去之，君子存之。”人之所以不同于禽兽的地方很微小，庶民把它丢掉了，而君子却保存它。君子保存的就是这颗心，“仁”的心、“爱”的心、“敬”的心、“礼”的心。

天地之间人是最宝贵的。天地万物，要以人为本。到底人和禽兽有什么不同？人迅速，能跑得过羚羊吗？人强壮，能强得过老虎吗？人高大，但大得过大象吗？人作为万物的精华，到底贵在何处呢？其实就是贵在人心的这点灵明，内心的东西。所以，人和禽兽的区别主要就在这里。此所以谓之“几希”，即很少、很微弱的意思。

正因为很细微的区别，一念之间可以为人，一念之间便可以为禽兽。所以，你保有这颗心就等于是存有这颗心，你放逐这颗心就消亡这颗心。这对你做人、做事关系就大了。杨振宁会说：他 30 岁以后，做人、处事全靠孟子。因为人要保有这颗君子之心，对人、对事是完全不同的。一般的人，因为气禀所限，被物欲所夺，把这颗心全然抛弃，陷于禽兽而不自知。物欲太深。把那一点点的心放逐了，仁义不能存在心里。自己变成禽兽一般还不知道反省，还不知道反观内心。很多人做了龌龊的事情，都已经如禽兽一般了，依然不能迷途知返，就是因为这颗心已经去之而不能存得。

只有君子能反观他自己的内心，能够察觉自己做的是对还是不对，把很容易失去的心能够存之又存，不能把它丢弃，一般人是不能做到的。

以前有句成语叫“杯水而车薪”，就出自于《孟子》。孟子说：人的欲望，人的需求，就像一大堆柴火在烧一样。人的道德心就像一杯水一样的。一杯水怎能救得了一大车着了火的柴火呀。说明人的物欲是那么强，心很容易失去，你只有作为君子经常省察自己做得对与不对，才能把这颗心存起来，不易丢失。这是很不容易的事情。所以，人和禽兽这间差别很小，就在于这颗心。

我想起西方文艺复兴时对人的赞美，莎士比亚的名作《哈姆雷特》中对人的赞美，有这样一段非常好的话。他说：“人类是一件多么了不起的杰作，多么高贵的理性，多么伟大的力量，多么优美的仪表，多么文雅的举动；在行为上多么像一个天使，在智慧上多么像一个天神；宇宙的精华，万物的灵长。”把人的地位完全确立起来了。但是，如果没有人的这颗心，没有清明的理性，就会走向反面。同样是哈姆雷特，他同样发现了人类的恶毒，叹气道：“但愿这一个太坚实的肉体被溶解、消散，化成一堆露水。上帝啊，上帝啊，人世间的一切在我来看是多么可厌，多么沉浮，乏味而无聊。那是一个荒芜不治的花园，长满了恶毒的游草。”他发现人确实有高贵的理性，但是人也确实有卑鄙的欲望。

孟子讲了人和禽兽不同，就在于人有那么点虚灵明觉的心，就起了绝对性的作用。同样的，大人和小人，君子与庶人也是有不同的。他们的不同在于哪里呢？

孟子说：君子与庶人的不同在于存有这颗心，能不能尽力地发挥这颗心，能否发扬光大这颗心。从人性上说，人都有良知，从现实上看，却又有浑浊的心，迷途的人。其实，人与禽兽不同的地方只有一点点，就是这颗心；君子与小人的差别也只有那么一点点，也是这颗心。君子以本心本性来生活，守死善道，任何时候不离开仁德，不离开这颗心，哪怕是在颠沛流离当中，哪怕是在艰难困苦当中。孟子在《离娄下》章句中说："君子所以异于人者，以其存心也。君子以仁存心，以礼存心。"

君子之所以不同于普通人，由于他们的存心之不同，君子心中存有仁，心中存着礼，心中存着对人的敬和爱。都是人，但是君子能独自超然于众人，因为他的这颗心能常常自省思量。"思则得之，不思则不得。"君子能思量，能敬畏，德性常有所涵养。君子存什么心呢？他是仁义之心、敬爱之心、恻隐之心、克己之心。

小人存什么心呢？他存的是贪婪之心、放纵之心、麻木不仁之心，甚至是禽兽之心。对圣贤的话语充耳不闻，对人们的痛苦麻木不仁。这是小人的心。

君子和小人是天壤之别，岂可等量观之。比如：制作牛奶的人，应该清清白白做人，老老实实做事，给小孩、老人以健康，但是有些奶粉厂家却完全昧了良心，添加三聚氰胺。人兽之别，君子与小人之别，一目了然。

说到"仁"和"礼"，孟子还有一句话说："仁者爱人，有礼者敬人。爱人者，人恒爱之；敬人者，人恒敬之。"

这也是大家非常喜欢的一句话。说的是：有仁德的人爱护他人，有礼的人尊敬他人。爱护别人的人，别人也总是爱他，尊敬别人的人，别人也总是尊敬他。这句话说得多么好。有仁心的人是爱天下的人。可以从自己的家人爱起，爱亲戚、朋友、同事，爱世界上一切的人，无论亲疏远近都在所爱之列。有敬爱之心的人，以礼来对待天下的人，所以众寡大小无一不在所敬之中。所以，我以仁爱礼敬来待人，人也必将以此心待我，被人爱护，被人尊敬。这就是一颗君子的心。仁者无忧。他不会担心我的好心会不会得到好报，我的礼、我的敬会不会得到相应的回报。

现实生活是复杂的，尽管有说“好心必有好报”的这种因果。现在也还有另外一种说法是：“好心不得好报”，比如帮助了他人反被诬陷，比如：一个人跌倒了，我去扶他，结果反被说成是你把他撞到了。搞得现在老人跌倒在地，人们反而不敢去搀扶起来。“好心得不到好报”，这又怎么理解呢？

南京就有一个这样的著名案例。判决救人者赔偿。

这件事真的让人胆怯、心寒，令人对助人望而却步。所以君子有时会想：我那么爱人，那么敬人，别人反而不是这样对待我的。他的态度很蛮横，怎么办呢？孟子其实预见到了。

孟子曰：“有人于此，其待我以横逆，则君子必自反也：我必不仁也，必无礼也，此物奚宜至哉？”

孟子说：如若这里有人对我蛮横无理，作为君子一定要反躬自问，一定是我有所不仁，一定是我有所失礼了，否则别人怎么会这样对我呢？

孟子对君子的要求不一样，要返回内心来看，先不要恶人相向，先不要想怎么“好心当成驴肝肺”。要先反问一下自己，我是不是真的没有做到那么仁爱？没有做到那么礼貌？是不是我真的做得不够敬重呢？不然，怎么会出现这种情况呢？

本来人我互敬，其乐融融，这是人间常态。我帮了你，你回以谢谢。但是也有相反的情况，不但对我不以礼回报，反而横暴，乱说一通，人之常情不能忍受。君子如果与常人一样的话，就会还之以颜色，我就会骂过去。但是，君子想的与常人不同，君子会想：天下的事情总会有原因的，他这样对待我，是不是因为我有不仁爱之处呢？是不是因为我有无礼之处呢？是推己及人，而不是一味地责怪对方。

这样看来君子真的是很难做，要经常反思。觉得自己没有错，为什么有人会这样对待我们呢？

孟子还是反躬自问。孟子曰："其自反而仁矣，自反而有礼矣，其横逆由是也，君子必自反也：我必不忠。"

孟子说：我反躬自问之后，认为我是仁爱的，他跌倒了，我是去救他的啊，这没错啊。我反躬自问之后认为是有礼的，你跌倒了，我把你扶起来，问你需不需要我帮忙？是不是要上医院，我是很有礼貌的啊。但是，那个人还是照样的蛮横无理。作为君子仍当反躬自问，一定是我有不忠的地方。

"不忠"之词是什么意思呢？

古人很有意思，在这里，"不忠"不是指男女情感的不忠。在古代，尽己之为"忠"。就是对人尽心竭力的意思。孔子说过一句话。孔子曰："为人谋而不忠乎？"意思是说：为别人办事是不是尽心竭力了？我有没有做到极致？

所以，孟子想：君子虽然爱人，我做到完全地付出真心了吗？我虽然以礼待人，我做到完全的退让了吗？如果没有完全做到，就不能怪人横逆了。

看到这里，我觉得：古人之心真是切己自反。“仁”和“礼”都要做到极致。因为他相信：天下至诚而不能感动人的，应该没有。如果你是如此的诚心诚意的话，即使再铁石的心肠也会被你感动的。

当然，很多朋友可能觉得有点不以为然。可能理论上是对的，我们也能接受，我们也确实应该不断地反省自己，来提高自我修养。但是，事实却打了我们一个重重的耳光。比如南京的救人事件，一直到后面的打官司。据我们了解，当事人确实已经做到了仁至义尽了，他也非常有礼地把他送到医院。当时，把他扶起来，其实跟他一点关系都没有的，都做到这份上了，但是对方还是横逆。那怎么办呢？

孟子回答得非常的人性化，做人是有底线的。君子不可能被你搞得斯文扫地。孟子曰：“自反而忠矣，其横逆由是也，君子曰：‘此亦妄人也已矣。如此，则与禽兽奚择哉？与禽兽又何难焉？’”

反躬自问以后，觉得自己是问心无愧的、忠心耿耿的，而那个人依然蛮横无理。君子说：这不过是个狂妄之徒罢了。既然如此，他与禽兽有什么区别呢？对于禽兽又有什么与之计较的呢？所有的一切都做到仁至义尽了，都反躬自问了，你内心没有任何的不爱，没有任何的不敬。对方还是蛮横无理，那就是对方的问题了。说明他是以一个禽兽之心来与你争斗了，就不是人与人之间正常的交往了。

被别人帮助，不但不感恩，反倒诬陷对方，这对于社会风尚是极大的毒害。这种存心不良，应当受到道德的谴责和法律的严惩。

奥古斯丁曾说，人是一个深渊。按照理性来说，人不能想象，帮了人，还要受人诬陷，蒙受冤屈。但是，有的人就是有禽兽之心。

孟子是非常有哲理的一个人。比如说以前“子弑父、臣弑君”，这是违反礼的。但谈到纣的时候，纣王无道。孟子非常的有哲理，孟子曰：“闻诛一夫纣矣，未闻弑君也。”我就听说杀了一个独夫民贼，没听说臣弑君啊。意思是，在人们心里根本就没有把暴君纣当做君，因为暴君纣他根本就是禽兽。人与人的交往，甚至君臣的关系，其实都是双向的。

从个人修养的终极意义上讲，孟子曰：“是故君子有终身之忧，无一朝之患也。乃若所忧则有之：舜，人也；我，亦人也。舜为法于天下，可传于后世，我由未免为乡人也，是则可忧也。忧之如何？如舜而已矣。”

所以君子有终身的忧虑，而没有突然发生的灾患。忧虑的事情有啊，不是吃、不是喝，不是车，不是房子。舜是人，我也是。舜的做法被后人效仿，并传之于世。而我还是个普通的人，这才是值得忧虑的事情。该怎么办呢？像舜那样做就对了。

说到底，君子是忧道不忧贫。

君子有终身之忧，而无一朝之患。忧虑的是自己不能成为仁人君子，忧虑自己的仁义礼智信不如圣人，至于别的，一点也不忧虑。我不仁爱的事情不做，不合乎礼节的事情不做，“君子居易以俟命”、“君子行法以俟命”坦然面对人生的波浪转折，君子之心泰然。这就是君子无忧。

君子他不为自己的身世富贵忧，他为自己的德性不能像大舜那样顶天立地而忧。

不修道德，不修心灵，这才是终身之忧。

正如孔子说的："德之不修，学之不讲，闻道不能徙，不善不能改，是吾忧也。"

如果你总在忧虑，今天吃什么，穿什么，忧就多了，那样你达不到高远的境界。我看这些古圣人、古贤人，有一个感想，这些人真的是能够超然物外，值得我们钦佩。

孟子教导我们见贤思齐，向古圣先贤看齐。他说："禹、稷当平世，三过其门而不入，孔子贤之。颜子当乱世，居于陋巷，一箪食，一瓢饮，人不堪其忧，颜子不改其乐，孔子贤之。"孟子曰："禹、稷、颜回同道。"

禹、稷在尧舜太平时代，为天下操劳，三次经过自己的家门都没有进去。孔子称赞他们的德行。颜回处于春秋之世，天下大乱，居住在简陋的巷子里，以竹筐子盛饭吃，用瓢舀水喝，别人受不了这种简陋清苦的生活，颜回却不改变他的平生志向。所以孔子称赞他的品行说：贤哉，颜也。

"人不堪其忧，颜子不改其乐"，就是人心要立在道上，行大道，利天下。

第八章

复性如初

驰求在外的心能否呼唤回来，荒芜的田园还能不能长出漫漫青草？这叫做复性如初。

物皆然，心为甚。“放心”这个词大家很熟。“求放心”到底是什么意思呢？

这个“求放心”是指人若丢失了本心，丢失了良知，迷失了本性之后，现在要把它唤回来，寻求回来。就是寻求你已经丢掉的良心。

孟子讲“四心”：“恻隐之心，人皆有之；羞恶之心，人皆有之；恭敬之心，人皆有之；是非之心，人皆有之。”这“四心”是人人皆有，本自具足，不假外求的。

“恻隐”，就是“仁爱之心”，人随时都能体现出仁爱之心。羞恶之心，是指自己做错了，感到羞愧。恭敬之心，是对人敬重。是非之心，智也，知道分辨是非善恶。这是每个人的本心，也是人的本性。复性，就是要回到这个本性上来。

孟子说，人有四种善的开端，就像人有四肢那么自然。善端，就是向善的心。孟子说：人性本善，恶是因为后天的习染，使其本心泯灭了，人求回放逸之心，回复其本性，就是善。荀子说：人性是恶的，可以通过后天的教养修为，化性起伪，变为善。实际上，是殊途同归的，最后还是要向善。向善或者复归其本心之善是中国文化的最大特点。孟子是个不屈不挠的人，他是向善的坚守者。为此，他不惜与各派论战，驳斥异端。

“仁、义、礼、智”这四个心“非由外铄我也，我固有之也，弗思耳矣”。仁义礼智这四个心，不是从外面灌输来的，而是每个人本来就有的。在现实生活中，有许多人却迷失了这颗本心，忘记了这颗心，走向歧途。

在《告子上》里，孟子曰：“仁，人心也；义，人路也。舍其路而弗由，放其心而不知求，哀哉！人有鸡犬放，则知求之；有放心而不知求。学问之道无他，求其放心而已矣。”

“仁”是人的心，“义”是人的“路”。你舍弃了正路不去走，丢失了良心而不知道去寻找，只会越来越迷失，走得越来越远，可悲啊！鸡犬丢失了，知道去唤回来；但是你丢失了自己的良知，你都不知道去找。

可能你的心智遮蔽了，麻木了，不能了见青天。

人做了坏事，难道自己的心没有觉察吗？显然是知道的，只是你已经麻木了。所以，学问之道没有别的，就是找回丢失的心罢了。这就是“求放心”。

中国说的“学问”不是指的外在的学问，学问指的是“明理”。要找到良知，要明辨是非，判断善恶，这才叫学问。

我们说心或良知，是人应该具有的。他怎么会丢失呢？是什么原因使得这颗心丢失了呢？

孟子打了一个很好的比喻，孟子曰：“牛山之木尝美矣，以其郊于大国也，斧斤伐之，可以为美乎？”

牛山上的树木曾经很繁茂，因为临近大都市，人们经常拿着斧子去砍伐，还能保持茂盛吗？它曾经是美的，现在却变得光秃秃的了，就好像人心，曾经像树木一样茂盛，如今却变得荒芜。你今天看有人丧失其本心，就说他从来就没有过向善的仁义之心，这对吗？今天要别墅，明天要豪车，没钱买就去抢、去偷，不知节制，不知悔改，心灵还能虚明茂盛吗？人是有本心的，而为人欲所弊，使人昏昏，心灵得不到滋养，干涸荒芜，那就真离禽兽不远了。这是很深刻的比喻。人心本是仁爱的，如今却变得冷漠；人心本是清净的，如今却变得混浊。为什么会有这样的转变？

向善的心，是这个社会得以有秩序，也是一个人生命成长最好的保障。如果不从这里来考量，不从这里来教育人、引导人，我们就找不到人心的一个很好的归宿，那天下也就无人可安居，也无人可安心。

他的心之所以丢失了，是因为他的心被外物所牵引，不知道节制，不知道正道。灵知不昧的本心被欲望的斧头砍伐，就像斧头加于树木一样。灵魂被窒息，善心被扼杀。他不知道这些东西要以道来得之，以义来取之，所以被迷雾所遮盖。我们现在要把迷雾拨开，唤回良知，让事物的真理显现在我们面前，让生命的意义展现给我们看，到底什么是真，什么是假，什么是善，什么是恶，什么是我们要的，什么是我们不应该要的。

《坛经》上说："小根之人，因何闻法不自开悟。"意思是说：有小根小智的人听闻佛法，为什么你不知道开悟，不能够迷途知返？是因为："缘邪见障重烦恼根深。犹如大云覆盖于日不得风吹日光不现。"就像阴天一样乌云密布孽障太深，孽缘太厚，没有经过真正的善知识来培育，没有经过内心的自性来开发一样，他整天在迷雾之中，没有风吹，日光不现。是因为他的内心被外物所牵引，被妄念的乌云所覆盖，所以他迷失了自己的内心，现在只有拨开云雾，使他见自性，得见光明。

每个孩子天生都是天真无邪的，看到恶的东西、不好的东西，就本能地感觉到惊恐，这是人的本性之所在。如果有一天自己往食物药物里放毒，反而不觉得有什么罪过的话，这就是完全被乌云所覆盖了，被妄心所俘获了。他的心已经积垢太深了，需要有善知识来开导。

这让我又想起《坛经》上的一段话："何名清净法身佛？世人性本清净，万法从自性生。思量一切恶事，即生恶行；思量一切恶事，即生恶行；思量一切善事，即生善行。如是诸法在自性中。如天常青，日月常明，为浮云盖覆，上明下暗。忽遇风吹云散，上下俱明，万象皆视。世人性常浮游，如彼天云。善知识，智如日，慧如月，智慧常明。于外著境，被妄念浮云盖覆自性，不得明朗。若遇善知识，闻真正法，自除迷妄，内外明彻，于自性中，万法皆现。"人们追求攀缘外物，自我的本性就被妄想妄念妄心的浮云所遮盖，如同日月的智慧就不明亮了，人若能复性如初，一切将会内外明彻。

心是大体，四肢是小体。人要分清大体和小体。人的良知和人的生命之间其实是有莫大关系的。人们以为丢失了良知，并不有损于自己的生命，也无损于他人的生命，其实是错的，这一念就错了，就是恶，就是万劫不复的深渊。

良知丢失之后，其实自己就成为"行尸走肉"了。我们如何才能做到良心不丢失呢？

我记得《坛经》里有一句话特别好："迷时师度，悟时自度。"当你迷失的时候，不能自己开悟的时候，只能通过善知识来使你明白；但是，最好还是自己明心见性，自己开悟，自己明白，来找回自己这颗迷失的心。这才是最根本的东西。任何事情都是从内因来起作用，你不能依靠外因。只靠外因来管束、约束、鞭策、惩戒，往往只能管得了一时，管不了长远。长远的是，你的心要归位，要归到正道上来，你才能有长久的坚持，才能有长久的持守，自己要持守良知，回复本性。

孟子说，养心莫过于寡欲。人说，我做企业怎么能寡欲呢？我赚了一个亿以后，还想赚两个亿。其实，你一定要知道要以义来得财，见得思义。假如你放弃了义，迷失了道，你永远也达不成你想要的东西，最后你丧失了自己的生命，也丧失了别人的生命。就像《圣经》上说的：你就是得到了全世界，却丧失了你的性命，对你又有何益呢？现在的问题是，你不仅丧失了自己的生命，同时还丧失了别人的生命。你觉得你能承受住这样的后果吗？

《坛经》上说，“若起邪迷妄念颠倒。外善知识虽有教授，究不可得。”如果你的内心不能够醒悟的话，即使有外善知识的教诲，最终还是不能领会佛法真义，也不能认识人生的意义。

要做到良心不丢失，最根本的是要自修。这个心是我们本自具足的，为了使它不为外物所牵引，所蒙蔽，任何时候不能放弃自我的修养。

最重要的是把你的心立在道上来，要真的领悟什么是人生的正道。我记得《坛经》上这样说：“善知识，自心归依自性，是归依真佛。自归依者，除却自性中不善心、嫉妒心、谄曲心、吾我心、诳妄心、轻人心、慢他心、邪见心、贡高心，及一切时中不善之行，常自见己过，不说他人好恶，是自归依。常须下心，普行恭敬，即是见性通达，更无滞碍，是自归依。”认识了自己的本性本心而没有偏执，就是归顺了自己的本性。

所以马祖道一禅师说：“道不用修，但莫染污。”即你的心不要去污染，就是走到正道上了，你就是明心见性了。所谓走到正道上来，还必须口念和心要一致。所谓“明心见性”，此须心行，不在口念。口念心不行，如幻如化，如露如电；口念心行，则心口相应。你所说的一定是你内心所想的，并且化为你所做的。这才能够口念心行，这才能够一致。

当你想到这里的时候，你就不能去杀、不应该去盗、不应该去贪、不应该去欺骗、不应该去傲慢。那么，你自然也就不会去作恶了。这样做很难吗？其实很容易啊，孔子说：“我欲仁，斯仁至矣。”孟子说：“闻一善言，见一善行，若决江河，沛然莫之能御也。”守住自己做人的底线，不做那我不当做的事，不要那我不当要的东西。在六祖惠能看来，迷是众生，悟即成佛。他说，自己的本性须自己度，才是真正的拯救，“善知识，心中众生，所谓邪迷心，诳妄心，不善心，嫉妒心，恶毒心，如是等心，尽是众生。各须自性自度，是名真度。何名自性自度？即自心中邪见、烦恼、愚痴众生，将正见度。既有正见，使般若智打破愚痴迷妄众生，各各自度，邪来正度，迷来悟度，愚来智度，恶来善度，名为真度。”当愚昧的念头出现时，用智慧来纠正；当邪恶的念头出现时，用善良的心来纠正。这才是回归本心，是真正的度。

我记得《坛经》上说：印宗法师在广州法性寺讲《涅槃经》。当时有风吹幡动。有一个和尚说是风动，另一个和尚说是幡动，议论不已。惠能进曰：“不是风动，不是幡动，仁者心动。”不是风动，不是幡动，是诸位的心在动。是外物牵引着我们心动。我们活在这个世上，不是活在真空里面，每天起来，万物都在牵引我的心，我的心不动是不可能的；但是我的心如何动，向哪个方向动，需要我们好好地思量，好好地去关切。我们要去动，我们要去杀吗？我们要去偷吗？我们要去妄语吗？还是说我们不杀、不偷、不妄语？你每天动的时候要不要去想一想要朝哪个方向去动？

“邪心是海水，烦恼是波浪，毒害是恶龙，虚妄是鬼神”。那么，你怎么能够去掉这些东西？而像孔子说的一样“思无邪”。这三个字我觉得非常的好。可能人们说：夫子真是夫子，夫子简直是木头，什么叫“思无邪”？越狠毒，我越去干。人的贪婪就是地狱，人的愚昧无知如同动物一般。如果不从正见开始，后面事情将会一发而不可收，因为贪婪的欲望像大海一样无边无际，错误的想法如同波浪一样起伏不息。

人们说：我有法律。但是，法律也是人掌控的，也要通过人心才能起作用。因为执法的是人，人必然也有情感，也有意志，有知见，有智慧，有判断。如果他本身的心坏了，他如何来知法？他如何来执法？这是很大的问题。如果执法的人不能执法，不能走正道，那还有什么人监督他呢？一切的一切，最根本的起源，还是要回到人心来，还是回到我们的教义上来，还是回到我们要去“求放心”。心平了，心正了，心安了，才能见到人生正道。娑婆世界才能变为极乐世界。《坛经》上说：“心平何劳持戒，行直何用修禅？恩则孝养父母，义则上下相怜，让则尊卑和睦，忍则众恶无喧。若能钻木出火，淤泥定生红莲。苦口的是良药，逆耳必是忠言。改过必生智慧，护短心内非贤。日用常行饶益，成道非由施钱。菩提只向心觅，何劳向外求玄？听说依此修行，西方只在目前。”觉悟的本性只能在自己的内心去寻求。

我们在人生的路上会遇到种种的引诱，种种的牵引，种种的考验，在这个时候，我们东方人讲究心性，你的心放在哪里，还是很重要的。多想想人间世道的道理，对自己的人生也有帮助。你做食品的时候，想着怎样让怀抱婴儿的母亲安心；你做任何事情的时候，想着让天下的人因为你而受益。我觉得真的像孟子说的“四心”一样：你没有恻隐之心，不知道仁爱；你没有恭敬之心，不知道礼仪；没有是非之心，不知道判断；没有羞恶的心，不知道辞让。没有最基本的“四心”，那么你在家里不足以事父母，在外面不足以保社稷，安四海。

这个问题，确实值得大家去很好地反思。

我们留意到，昨天是世界精神卫生日。当时深圳的一些机构公布了一些数据，让人触目惊心。包括中小学生的心理状况，一些成年人的心理状况。其实，我们应该把这些和我们的心联系起来。之所以会出现这些卫生、精神方面的问题，是和我们找不到自己的心有关系。我们的心迷失了，我们的心到底在哪里，很迷茫。所以，我们要求放心。

“求放心，破我执”。太重视那些外物了，便会放弃了自己的良知。你想钱的事情，想名誉的事情过多，就不知道养心，不知道求放心，不知道思虑自己的这颗心。你丢失这颗心的时候，你所看到的净是来来往往的外物，你就没有办法来把握全局。你的心不能安、不能定、不能静，就像一叶扁舟在海上一样，完全没有了方向感。什么是我们的“方向感”？当然佛家说：自行开悟。这和“明心见性”是一个道理。对于我们这些入世的人来说，我觉得儒家的道德学说，善良之心的学说，求放心的学说，养心的学说，以及不动心的学说，都是我们要汲取的。“富贵不能淫，贫贱不能移，威武不能屈”，这就是求放心的一个结果。

儒家还有一位大家荀子，他也曾讲过君子之义。

荀子在《荣辱》这篇中，讲得非常清楚。他说：“憍泄者，人之殃也；恭俭者，偋五兵也，虽有戈矛之刺，不如恭俭之利也。故与人善言，暖于布帛；伤人之言，深于矛戟。故薄薄之地，不得履之，非地不安也，危足无所履者，凡在言也。巨涂则让，小涂则殆，虽欲不谨，若云不使。”

什么意思呢？骄傲和轻慢，是人的祸害。恭敬谦逊，可以摈除各种兵器的杀身之祸。人们都知道戈矛的锋利，却不知恭敬谦逊的高妙啊！同别人说一句善意的话，比给他穿上一件衣裳还要温暖；用恶语伤人，比用戈矛刺人还厉害。因此，广阔无垠的大地，没有你的立足之处，并不是因为地不安稳；踮起脚跟走路，却没有可踩之处，全是因为你平日言语不慎，恶语伤人了啊。大路很挤，小路又险，即使想不谨慎，也逼得你非谨慎不可！

依荀子的见解，讲礼义的君子是最圆融的，而不讲礼义的是偏执的小人。他是怎样评说这些小人的偏执的呢？

“快快而亡者，怒也；察察而残者，忮也；博而穷者，訾也；清之而俞浊者，口也；豢之而俞瘠者，交也；辩而不说者，争也；直立而不见知者，胜也；廉而不见贵者，刿也；勇而不见惮者，贪也；信而不见敬者，好专行也。此小人之所务，而君子之所不为也。”

凭着一时的痛快而招致死亡，是因为盛怒引起的；有明察一切的能力却被残害，是因为刚愎自用引起的；知识渊博而处境穷困，是因为诋毁他人造成的；希望得到清白的名声而名声更坏，是因为言过其实造成的；以酒肉结交朋友反而交情更淡薄，是因为结交不当造成的；能言善辩但不能说服别人，是因为喜欢与人争论造成的；为人正直但得不到知己，是因为争强好胜造成的；方正守节却不受人尊重，是因为尖刻伤人造成的；勇敢而不受人敬畏，是因为喜欢贪图私利造成的；守信而不受人崇敬，是因为好独断专行造成的。这些都是小人做的，而君子是不会做的。

那么你必定要问，君子是怎样的呢？君子的礼义德行很圆融美好：君子宽而不僈，廉而不刿，辩而不争，察而不激，直立而不胜，坚强而不暴，柔从而不流，恭敬谨慎而容。夫是之谓至文。诗曰：“温温恭人，惟德之基。”

君子立心宽绰，而不怠慢；行身廉正，而不刻伤；辩论是非，而不争胜；明察事理，而不激切；特立独行，而不以气凌人；意志坚强，而不失于暴戾；柔从而不苟随，恭敬谨慎，而优裕不拘执，如此才可说是道德最显著之文仪。诗曰：“温温恭人，惟德之基。”即谓此也。

说得白一点，就是君子胸怀宽广却不怠慢，有原则却不伤害别人。善于辩论却不与人争吵，明察事物却不偏激。品行正直却不盛气凌人，坚定刚强却不凶暴。性情温和柔顺却不随波逐流，恭敬谨慎而能宽厚容人。这就叫道德修养达到了最高境界。

这不就是君子之心吗？

| 第九章 |

人性本善

在这个世界上，人性是善的还是恶的？我要行善还是要作恶？

圣人说的性善，是从根本上说的，是指的本心，而性恶，是丧失了本心。

《三字经》一开始有讲："人之初，性本善。"关于人性是"本善"，还是"本恶"，不同的学派有不同的解释或有不同的说法。我们所说的"人性本善"是孟子在《滕文公上》章句说的。

当我看到"人性本善"这四个字的时候，心绪万端。在经历了这么多的人事巨变、风霜雨雪之后，在我们看到了很多的罪恶，看到了人心的险恶之后，我们今天仍然端坐在这里谈"人性本善"，说人性是天生善良的，这确实需要很大的勇气。

其实，一直到今天的中西的哲学、伦理学，甚至法律，都在探讨这个问题，都没有一个定论。人性到底是善的，还是恶的，没有人敢宣称自己的观点一定是最强势的，争议不断。对"人性本善"的观点，很多人持很怀疑的态度。

我深信，贤明如孟子这样的人，他一定体会到了人心的险恶，在残酷到极点的战国时代，他没有道理不理解到这一点。为什么他坚持自己的信念，为什么坚称"人性本善"？

首先，孟子讲了一个故事："滕文公为世子，将之楚，过宋而见孟子。孟子道性善，言必称尧舜。”

滕文公做太子的时候，有一次他要出使楚国，路过宋国的时候，特地去拜会了孟子。因为孟子的名声很大。孟子给他讲了人性本善的道理，而且句句不离尧舜。以尧舜为例子，讲给滕文公听。因为做太子的以后要做国君的，要懂得治理天下的道理。

世子自楚反，复见孟子。孟子曰：“世子疑吾言乎？夫道一而已矣。成覸谓齐景公曰：‘彼，丈夫也；我，丈夫也；吾何畏彼哉？’颜渊曰：‘舜，何人也？予，何人也？有为者亦若是。’公明仪曰：‘文王，我师也；周公岂欺我哉？’”

太子从楚国返回，又来见孟子。你既然明白道理了，回去贯彻落实就行了，你为什么又来见孟子呢？孟子说：太子怀疑我的话吗？其实天下的道理只有一个，就是“人性本善”。勇士成覸对齐景公说，那人是大丈夫，我也是大丈夫，我为什么怕他呢？人和人不都一样吗？颜渊说：舜是怎样的人？我是怎样的人呢？都是人，有作为的人也可以像他那样。普通人也可以像舜那样。公明仪说：以文王为师，难道周公的话是欺骗我辈的吗？

明代的张居正是这样解读上面的一段话的。他说：世子骤闻孟子性善之说，未能了然。故自楚国回返，来见孟子。世子说：夫子，请您再给我解释一下。孟子来告之说：太子您来，难道是听了我的道理心中有所疑惑吗？我的话没什么可疑的。性就是道，道对于人来说，是出自于天而又能够在心中呈现出来的。天下的道理是天理，同时也是人心，没有什么古今之差别，没有什么圣愚之差别，都是一样的道理。

如果有人说，人性，不一定都是善的。普通人做不到像尧舜一样，尧舜的人性是一种，普通人的人性又是另一种，天下的人性就成了两条道了。但是，天下的人性是没有两条路的，就是一个道理，一种人性。性一而已矣。用古人的话说：勇士成覸对齐景公说，那人是大丈夫，我也是大丈夫，我有什么畏惧的呢？颜渊说：古今称圣人都说尧舜，舜是什么样的人，我是什么样的人？看来性非有二也。我若能立志有为，也会和尧舜一般，何难之有？公明仪也说：文王是我的师，人人都想做文王。文王是有品德的，有功业的人。我的本性中自有文王，人人可以学文王，人人可以做文王。人性之间本来没有差别，圣人的人性与凡夫的人性没有什么差别。圣人本来就是凡夫，凡夫也可以成为圣人。并不是生来人性有什么不同，而是后天作为的结果，是后天修养、修炼的结果。人若是以与生俱来的人性为善，且不断地致力于此，则为圣人；否则，就不免为凡夫。你按照老天赋予你的善心率性而为，你努力地去修养，不停地去修养，就像掘井一样的，一定要挖到有水为止；就像成熟的五谷一样的，一定要长成可以吃的粮食为止，这样的话就可以称之为圣人。所以，孟子曰："夫道一而已矣。"

这是非常大的勇气。其实，"道"指的就是人生之道，成人之道，成圣之道。孟子的"人性本善"最主要的论述就是在《滕文公上》里，后面的便是在《告子》篇里详细论述的。实际上，就像朱熹说的：《孟子》七篇，你仔仔细细来看，其实每一篇无非讲的都是人性本善的道理。你只要求其心，顺其性，就可以知天，就可以做成圣人。

"世子疑吾言乎？夫道一而已矣"，孟子的这句话应该说给人的震撼非常之大。在《坛经》里六祖惠能也说过类似的一句话，他说："人虽有南北，佛性本无南北；獦獠身与和尚不同，佛性有何差别?”其实和人性本善是异曲同工。

就像之前孔子说的:“吾道一以贯之”。一以贯之,就是万法归一,万川归海。

现在,孟子讲的“夫道一而已矣”,指的就是“人性本善”。这对中国文化的影响是非常大的,也影响到中国佛教。《坛经》中讲惠能到湖北的黄梅礼拜五祖弘忍大师,五祖问:你是哪里来的?要求什么?慧能说:弟子是岭南新州百姓,远来礼师,惟求作佛,不求余物。不为其他别的东西,不求钱,也不求财。五祖言:汝是岭南人,又是獦獠,若为堪做佛?五祖说:像你这样的人,是没有开化的蛮夷,怎么能成佛呢?

惠能说:人虽有南北,佛性本无南北。獦獠身与和尚不同,但佛性有何差别啊?这句话的意思就是说佛性是没有什么差别的,《坛经》是把佛性与人的本心、本性等同的。圣人之人性和凡夫之人性是一样的。

南北朝时有一个辩论,说坏人“一阐提”是否有佛性?很多人说没有佛性的,有位叫道生的和尚说一阐提也有佛性,众人皆不信。后来,从印度传来的佛经就说明“一阐提”有佛性。《涅槃经》有云:“一切众生悉有佛性,如来常住无有变易。”

从哲学家、道德家的眼光来看,世界是万法归一的。

人性和佛性一比较是很有意思的。所以,无论是成圣,还是成佛,关键在于自己的修炼。佛家认为人都是有佛性的,芸芸众生因为贪欲,因为无名,产生了愚昧,覆盖了本有的佛性,所以人不能了悟成佛,成了凡夫了。一悟成佛,一迷成凡夫。众生修佛是为了使本有的佛性得到恢复,重现光明,以慧风吹散,万法皆现,万象圣罗。

孟子讲的是将自己固有的善的人性推广出去，扩充出去，像点点的溪流汇成大海一样的，不断丰富的过程，不断地趋向广大、圆满和完美的过程，直到最后成为圣人。孟子对中国文化的影响极大。

“人性本善”只讲了“万法归一”，天下人的人性是一样的。也有人会反驳说，人性是没有善恶区分的，人性可以是善的，也可以是不善的。人性没有二，只有一，问题是到底人性是“性本善”呢？还是“性本恶”呢？

孟子认定人性是善的，并非恶的，他有自己的解释。在《告子》章句里，公都子曰：“告子曰：‘性无善无不善也。’或曰：‘性可以为善，可以为不善。是故文、武兴则民好善，幽、厉兴则民好暴。’或曰：‘有性善，有性不善。是故以尧为君而有象，以瞽瞍为父而有舜；以纣为兄之子且以为君，而有微子启、王子比干。’今曰：‘性善’，然则彼皆非与？”

孟子的弟子公都子说：告子说，人性没有善与不善之分。也有人说，人性可以是善的，也可以是不善的。所以，文王、武王得了天下，这是明君，百姓就崇尚善良。幽王、厉王统治天下，这是暴君，百姓就喜欢暴力。又有人说，有些人本性善，有些人本性不善，所以就有分别。以尧这圣明的君主，却还有象这样的坏人。“象”是一个人的名字，是舜异母的兄弟，为人非常的骄横，非常的残暴。这么好的君主居然有这么差的臣子，人性怎么能是一样的呢？瞽瞍是舜的父亲，娶了后妻之后，却屡屡地谋害儿子舜。有这么坏的一个父亲，却有舜这样的好儿子。这是怎么回事呢？不都说种瓜得瓜，种豆得豆吗？为什么人性有如此不同呢？商纣是残暴的君主，却有微子启、王子比干这样的贤人叔叔。（王子比干是商纣的叔叔，因为纣非常的淫乱，王子比干告诫纣，纣十分的恼怒，把他叔叔的心挖了出来。）

孟子，您说天下人性都是一样天生善良的，难道他们都是错的吗？难道历史的记载都错了吗？事实都错了吗？您如何来解释呢？

这个提问也是比较犀利的。

一般的人解释不了，而孟子是打败不了的。

孟子曰："乃若其情，则可以为善矣。乃所谓善也。若夫为不善，非才之罪也。恻隐之心，人皆有之。羞恶之心，人皆有之。恭敬之心，人皆有之。是非之心，人皆有之。恻隐之心，仁也；羞恶之心，义也。恭敬之心，礼也；是非之心，智也。仁、义、礼、智，非由外铄我也，我因有之也，弗思耳矣。故曰：'求则得之，舍则失之。'或相倍蓰而无算者，不能尽其才者也。"

孟子说：按照人们的性情是能够成为善的，即使是最坏的人。我说的善是本源之善。有人不善，不是资质的罪过，不是天生材质不好。同情之心，人人都有；羞恶之心，人人都有；恭敬之心，人人都有；是非之心，人人都有。同情心就是仁，羞耻心就是义，恭敬心就是礼，是非心就是智。可见仁义礼智不是从外面灌输进来的，是我本来就有的，只是未曾去领悟思考罢了。所以，探求就能得到这颗心，放弃就会失掉这颗心。有的人跟别人的品德相比，可能相差一倍、五倍，甚至无数倍，这是因为没能发挥其天性资质的缘故。材质本身是没有问题的，只是因为后天的一些变化阻碍了一些人发挥自己的天性。

人有善良的本心，就像牛山上的树林本来是繁茂的，可是你天天去砍伐，却不知道滋润。每天砍伐，整日看中的是钱财，心虽得不到滋养，就会枯竭了。我们内心之所以会有强大的力量，是因为君子的心能够坚守，能立在道上，矢志不渝。所以，要让心中德性的幼芽去生长，要让心中的德性的树木去生长，不要让牛马去践踏，不要让飞鸟去啄食。

材质本来是好的，只是因为外面形势的逼迫，使他内心变得迷失，所以才会出现后面这样的情况。

也就是说，一个人的行为不善并非是他本性的问题。只是因为他违背了本性。

如果说人性是善的，至少具备善端，如泉之始达，火之始燃，那为什么人世间有不善呢？是什么样的因素使得这些人蒙蔽了自己的本性，不能够认知自己的本性呢？

是什么阻止了某些人行善？是什么促成了某些人作恶？这是世界性的难题，是哲学当中最大的难题，没有办法解释的。但是，却难不倒孟子。

告子曰："性犹湍水也，决诸东方则东流，决诸西方则西流。人性之无分于善不善也，犹水之无分于东西也。"

告子说：人性好比是湍急的水流，在东边开个口子就往东边流，在西边开个口子就往西边流，人性本来就不分什么善与不善，就像水流本来就不分向东、向西一样。

孟子曰："水信无分于东西，无分于上下乎？人性之善也，犹水之就下也。人无有不善，水无有不下。今夫水，搏而跃之，可使过颡；激而行之，可使在山。是岂水之性哉？其势则然也。人之可使为不善，其性亦犹是也。"

水流确实是没有向东边流、西边流的分别，难道也没有向上、向下流的分别吗？人们都说"人往高处走，水往低处流"。

万川归海，人的本性趋向善就好比水在本性上是向下流一样的。人性没有不向善的，水流没有不向下的。但是，水，你拍打一下，它会飞溅起来，水花能够高过人的额头，水珠能够溅面；阻挡它，使它倒流，可以使它流上山冈，这难道是水的本性吗？不是！乃是情势如此，是形势和外力迫使它改变自然的流向。不善，并不是人的本性，如水倒流一般。

圣人者，人伦之至也。体察人生如此之贴切。有时候，人一反善良之性，乃是受到外部环境影响的结果。之所以能让人做出不善的行为，本性的改变也犹如这样受到了情势的逼迫，是外在的情势。原来生活的遭遇，外界的情势，也会使人改变人性的走向，改变人们的性情。我们在现实中看到，如果人们的内心受到了创伤，受到了损害的话，他们处于迷惑之中，也会改变人性的走向，从善变成恶。所以人们一定要非常警惕恶的环境对人性的改变。

孟子的逻辑，在我看来，使人不善的只有两点：一个是外界情势的逼迫，一个是内心的迷惑。外界情势的逼迫改变了一个人的好性情。如果一个人无罪而深陷囹圄，而且不准申冤，把他囚在牢中，这人以后将怎么行善！身囚必定导致心囚。他一定会怨恨，他一定会报复，那么他内心的美好就泯灭殆尽了，一个人就变成了魔鬼。

在儒家看来，从根本上说，人人皆是圣人、善良的人，而之所以出现不善的人，是因为良知的蒙蔽，以及环境的熏染。教化最重要的莫过于内心的启蒙，以及环境的营造，金玉其心，香兰其室，这正是儒家对人性与环境的期待。儒家坚信不善不是出自人性，而是出自后天的气禀与环境，使人心失去了滋养。后天的习染与环境，能够使人的心境发生变化，人性发生扭曲。所以，心物两方面，都需要警醒啊！凡物，苟得其养，无物不长；苟失其养，无物不消。物皆然，心为甚。

《三字经》：“人之初，性本善，性相近，习相远”，还是有道的啊！

第十章

恒产恒心

道德和心灵对我们意味着什么？若是我们无有一物，心灵能否使我们本自高贵，并不需要文绣的衣裳？

几千年前，西方人也是这样问自己的，他们也在探寻，今生和来世，我们在这地上积财的意义是什么。

孟子在《梁惠王》章句中说："无恒产而有恒心者，惟士为能。若民，则无恒产，因无恒心。"没有固定的产业收入，却有长久善心善行的只有士人君子才能够做到。

一般人如果没有一定的产业收入，也就没有长远的善心善行。孟子一直都在教导我们不要讲利。他见了梁惠王，曰："王！何必曰利？亦有仁义而已矣。"那么，孟子为什么在这里要讲这个"利"字，讲恒产呢？为什么要把恒产与恒心联系在一起呢？

孟子的思想博大精深。他的理论极其圆融，特别有启发性。在改革开放的今天，回顾《孟子》真的是别有一番滋味在心头。

还是让我们沿着孟子的思路来理清问题吧。

孟子曾经讲过王道政治，王道政治的核心是什么？就是两个字：仁政。

孟子与齐宣王有一场对话。王曰："王政可得闻与？"

对曰："昔者文王之治岐也，耕者九一，仕者世禄，关市讥而不征，泽梁无禁，罪人不孥。老而无妻曰鳏，老而无夫曰寡，老而无子曰独，幼而无父曰孤。此四者，天下之穷民而无告者。文王发政施仁，必先斯四者。诗云：‘哿矣富人，哀此茕独。’”

王曰：“善哉言乎！”

孟子回答问题的时候都是引经据典，讲故事，说道理。

齐宣王说：可以把王政说给我听听吗？

孟子回答说：“从前周文王治理岐山的时候，对农民的税率是九分抽一；对于做官的人是给予世代承袭的俸禄；在关卡和市场上只稽查，不征税；任何人到湖泊捕鱼都不禁止；对罪犯的处罚不牵连妻子儿女（不搞株连）。失去妻子的老年人叫做鳏夫；失去丈夫的老年人叫做寡妇；没有儿女的老年人叫做独老；失去父亲的儿童叫做孤儿。这四种人是天下最孤苦无靠的人。周文王实行仁政，一定最先考虑到他们。所以《诗经》上说：‘有钱人是可以过得去了，可怜那些无依无靠的孤寡吧。”

齐宣王说：说得好啊！

我们在这段话中可以学到很多。社会对弱势的人群，对鳏寡孤独的人，对穷苦无告之人，应该把他们引为兄弟，把最优惠的政策施予他们。廉租房也好，经济适用房也好，应该先帮助的是那些孤苦无依的人，经济收入低的人。但是，我们看到开宝马的人也去申请经济适用房，这就不对了。后面有一句话：有钱人是可以过得去了，你要把这些资源给那些无依无靠的孤寡，要可怜那些天下无依无靠的孤寡吧。这就是古人之心。

王曰：“善哉言乎！”

对曰：“王如善之，则何为不行？”

孟子说：大王如果认为这样好，为什么不做呢？

王曰：“寡人有疾，寡人好货。”齐宣王说：我有个毛病，我有个缺点，我喜欢钱财，我希望天下的钱财都归在我家里，我才不希望给别人。

孟子很善于引导。孟子又讲个故事给他听。孟子对曰："昔者公刘好货；《诗》云：'乃积乃仓，乃裹糇粮，于橐于囊。思戢用光。弓矢斯张，干戈戚扬，爰方启行。'故居者有积仓，行者有裹粮也，然后可以爰方启行。王如好货，与百姓同之，于王何有？"

孟子说："从前公刘也喜爱钱财。《诗经》上说：'谷物积满仓，干粮装满囊。和睦团结争荣光，背好了弓箭拿好了盾戈，开始动身去前方。'因此留在家里的人有谷子，行军的人有干粮，这才能够率领众人出发，前去打仗。大王如果喜爱钱财，能想到与老百姓共同享有，使老百姓也有财货，称王天下有什么困难呢？"

孟子真是了不起的人，他没有说：王，你不应该有钱财，不应该喜欢钱财。他说的是与民共享。只是说王在喜爱钱财的时候，要想到百姓也应该有生活的资粮。你住在华丽的雪宫，要想到老百姓也得有个茅屋住；你吃的山珍海味，要想到老百姓也得有一餐吃的吧；你穿着华丽的裘衣，非常饱暖，要想到老百姓也需要饱暖，不能总是冻得瑟瑟发抖吧。你想要的一切没有问题，但是你要想到老百姓也要生活，上下同乐。你称王天下有什么困难呢？

王曰："寡人有疾，寡人好色。"

对曰："昔者大王好色，爱厥妃。《诗》云：'古公亶父，来朝走马，率西水浒，至于岐下。爰及姜女，聿来胥宇。'当是时也，内无怨女，外无旷夫。王如好色，与百姓同之，于王何有？"

宣王说："我还有个毛病，我喜爱女色。"

孟子回答说："从前周太王也喜爱女色，非常宠爱他的妻子。《诗经》说：'周太王古公亶父，一大早驱驰快马。沿着西边的河岸，一直走到岐山的脚下。带着妻子姜氏女，勘察地址建新居。'那时，没有怀怨无偶的女子，国中也没有单身无妻的男子。男女各得其所。大王如果喜爱女色，能想到老百姓也需要完整的家庭。能想到这些，称王天下能有什么困难呢？"

想民之所想，这就是王道政治啊。

孟子与齐宣王对谈。齐宣王曰："齐桓晋文之事可得闻乎？"

孟子说：齐桓晋文之事后世没有传，我没听说过，咱们谈点别的，谈"平治天下"吧。

齐宣王说："君王要有怎样的德行才能平治天下，使天下归心呢？"

孟子曰："老吾老，以及人之老；幼吾幼，以及人之幼。天下可运于掌。"

一般人会想统治天下就是靠打仗，打赢了就可以统治天下了。而孟子想的却是另外一条路：尊敬我家里的长辈，从而推广到尊敬别人家里的长辈；爱护我家的儿女，从而推广到爱护别人家里的儿女。这样，平治天下，有何难哉？

齐宣王就不懂了。他说：别人都是用征战，用武力来征服别人。你居然说以"老吾老，以及人之老；幼吾幼，以及人之幼"就可以平治天下了。

为什么施仁政就可以平治天下呢？

孟子说：王若能发政施仁，天下士人都愿意立于王的朝廷，天下耕者都愿意耕种在王的土地，天下商人都愿汇聚在王的集市，天下旅人都愿意经过王的道路，天下有苦无处诉的人都愿向王诉说。这样一来，有什么力量能阻挡您平治天下呢？

齐宣王曰："吾惛，不能进于是矣。愿夫子辅吾志，明以教我，我虽不敏，请尝试之。"

齐宣王说：我头脑糊涂了，我没法再进一步体会您的思想。愿夫子教我，我虽不敏，请尝试之。

孟子曰："无恒产而有恒心者，惟士为能。若民，则无恒产，因无恒心。苟无恒心，放辟邪侈，无不为已。及陷于罪，然后从而刑之，是罔民也。焉有仁人在位罔民而可为也？"

孟子认为，没有固定的产业收入，却有长久的善心善行的只有士能做到，就是有道德和学问的人才能做到。一般普通的民众如果没有一定产业的收入，就没有长久的善心善行。问题是一旦没有这种善心善行，他就会放荡胡来，违法乱纪，无所不为，当他们犯了罪，政府就加以处罚。这就等于是陷害老百姓啊！因为他没得吃、没得穿之后，就会去犯罪，然后就把他抓到牢里去，这算怎么回事呢？

"哪有仁人当政却做出陷害百姓的事呢？"孟子的反问是非常尖锐的。这句话看似简单，却是大有深意。谈为政就是在管理国家，平治天下。孟子和孔子的思想很一致，都谈"为政以德"、"仁心仁政"的问题。

齐宣王以为凭武力就可以平治天下。孟子却说，"穷兵黩武平治天下那是"缘木求鱼"。在树上找鱼是根本不可能的，于是，他指出另外一条道路，就是行"仁政"的道路。要行仁政必须要养民，养民就是要制民之产，让百姓有衣食，让他们安居乐业，这样国家才能长治久安。

像颜回这样的士，可以一箪食，一瓢饮，在陋巷。人不堪其忧，回也不改其乐。世间有这样的君子贤人。但是，孟子是圣贤，他深知人性。对大多数人来说，没有衣食就有忧患了，有忧患了，就有动乱了。这是不祥的。人的命都不保，哪里顾得上礼义廉耻啊。像孟子这样贤明的人看到了这一点：对于大多数人来说，礼义是生于富足。故，人需有衣食之恒产，才有礼义之恒心。这是很重要的。一般人没有恒产，没有了依靠，饥寒交迫，哪有礼义之心。没有礼义之心，就胡作非为，冲破礼法。一旦你冲破了礼法，社会就会给你定罪，犯罪的人也就多了。

我们想想，不仅是个人的情况，个人的所为，也是社会造成的苦果。所以，一个明君如何能这样做？这样做，岂不是故意陷百姓于不义吗？所以，王欲行仁政，必须制民之产，使民众有活下去的依靠，这是刻不容缓的大事。

要统治天下，就要仁爱百姓；仁爱百姓，首先要给百姓衣食，让他安居乐业。

这种思想放在任何时代、任何国家都是不过时的，它是永恒的真理，就像我们提倡的“以民为本、以人为本”，其实是一脉相承的。

传统文化的智慧是我们完全可以用的。像“学有所教，劳有所得，病有所医，老有所养，住有所居”。其实，这就是民生。谈到民生，也就是为政。

孟子曰：“是故明君制民之产，必使仰足以事父母，俯足以畜妻子；乐岁终身饱，凶年免于死亡。然后驱而之善，故民之从之也轻。”

明君规定百姓的产业，一定要让他们上足以赡养父母，下足以抚养妻儿，好年成大家丰衣足食，坏年成也不至于饿死，然后再让他们民风向善，老百姓就很容易听从。

孟子曰：“今也制民之产，仰不足以事父母，俯不足以畜妻子；乐岁终身苦，凶年不免于死亡。此惟救死而恐不赡，奚暇治礼义哉？”

孟子说：现在为老百姓规定的产业，上不足以赡养父母，下不足以抚养妻儿，好的年成也是艰难困苦，勉强糊口；坏的年成真的是死路一条。这样，人人连救活自己的命都来不及，哪有工夫讲求礼义呢？

孟子把正反两方面的情况讲给宣王听，要怎么行仁政才能使天下平治。制民之产，这就是施行仁政的根本。

孟子说，王，我解释给您听吧。“王欲行之，则盍反其本矣。五亩之宅，树之以桑，五十者可以衣帛矣；鸡豚狗彘之畜，无失其时，七十者可以食肉矣；百亩之田，勿夺其时，八口之家可以无饥矣；谨庠畜之教，申之以孝悌之义，颁白者不负戴于道路矣。老者衣帛食肉，黎民不饥不寒，然而不王者，未之有也。”

王，如果要施行仁政，为什么不从根本上着手呢？“本”就是仁爱制民之产。每家给五亩宅地，周围种上桑树，养蚕，五十岁以上的人就可以穿上丝棉袄了。鸡鸭猪狗及时地得到蓄养，七十岁以上的人就可以吃到肉了。一家百亩的田地，不误农时，八口之家可以吃得饱饱的。然后，办好各级的学校，反复地用孝顺父母、敬爱兄长的道理教导他们。那么想想看，白发苍苍的老人不用背着重物在路上行走，老人能够穿上丝绸吃上肉，老百姓能够不受饥寒。做到这些的，还不能使天下归服的，是从未有过的。王如果这样来做的话，就会天下归心，万川归海，一定会拥戴你的。到了那个时候，你顺了民心，得天下岂不是易如反掌吗。

其实也说明了一个道理，一个文明的社会，一定是建立在老百姓能够安居乐业、丰衣足食这样的基础上的。

是的，仓廪实知礼节。

这里还有一个疑问，为什么孟子见梁惠王的时候一再强调，“王何必曰利，亦有仁义而已矣”。这分明是不讲“利”的，他又为什么在这里突出恒产？为什么把这个利看成是一个基础呢？

哲学是容不得矛盾的。孟子第一次见梁惠王。王曰：“叟，不远千里而来，亦将有以利吾国乎？”孟子曰：“王何必曰利，亦有仁义而已矣。”其实这正是孟子的伟大之处。他并非不言利，他说的利是天下之利，百姓之利，并非一己之利，更容不得君王与百姓争利。

孟子立于雪宫之上时，王说：我的宫殿多漂亮啊。孟子说：漂亮是漂亮，如果人民不满意，也不会拥戴你，你有什么好乐的呢。

孟子在《尽心下》章句中讲：“诸侯之宝三：土地、人民、政事。宝珠玉者，殃必及身。”

诸侯的宝是三样，土地、百姓和政事。如果诸侯以珠玉为珍宝，囤积金钱，灾祸一定会降临到他的身上的。从这点我们看出，孟子讲的仁义是讲天下人的利益和整个社会的公利。用仁义来求得天下人的利益，这是孟子的本意，而不是任何时候不讲利的。孟子反对的是诸侯国君贪得无厌的私利，自己过着奢华的生活，而不管老百姓的死活。他的王道是“以民为本”的。

我们对孟子的以民为本的思想是比较熟知的，“民为贵，社稷次之，君为轻。”（《尽心下》）孟子是怎么样论述和解释“以民为本”的呢？

孟子讲了两个小例子。孟子在《告子下》章句上说：“今之事君者皆曰：‘我能为君辟土地，充府库。’今之所谓良臣，古之所谓民贼也。君不乡道，不志于仁，而求富之，是富桀也。”

现在侍奉国君的人都说，我能替君王开拓土地，我能替君王充实府库，就是说我能为君王服务，你用我吧，我能为君王开疆拓土。孟子很瞧不起今天这种所谓的“良臣”，其实他们就是古时候所说的“民贼”。如果国君心不趋向道义，志不在施行仁政。我这个臣子还在为他想办法求富足，这就等于是替暴君夏桀求富足，为独夫求富足。

又有人说：“‘我能为君约与国，战必克’。今之所谓良臣，古之所谓民贼也。君不乡道，不志于仁，而求为之强战，是辅桀也。”又有辅佐的臣子说：国君，我能为你联结盟国，打仗必胜，你用我吧。孟子说，这种现代的良臣，正是古时所说的“民贼”呢。国君心不趋向于道义，志不在施行仁政，你还想办法拼命地替他打仗，为他争胜，这就等于在帮助暴君夏桀呢。孟子不赞许人去帮助无道的昏君，他要去辅佐那些有道的明君，他想的是百姓之利，百姓的安稳、富足。

孟子的立场是非常清楚的，孟子讲的道理是非常清晰的，他不怕得罪国君，他有勇气把道理摆出来给大家看。

孟子又是如何阐明“什么样的王是值得去归信”的呢？

天下归心，万川归海。得道者胜，寡道者败。孟子在《尽心上》章句中有这样一段话：“伯夷辟纣，居北海之滨，闻文王作，兴曰：‘盍归乎来！吾闻西伯善养老者。’太公辟纣，居东海之滨，闻文王作，兴曰：‘盍归乎来！吾闻西伯善养老者。’天下有善养老，则仁人以为己归矣。”

范仲淹有这样一句话：“微斯人，吾谁与归？”

孟子说，伯夷逃避无道的昏君纣王，隐居在北海边上。听说文王兴起了，便说：为什么不一起去归依文王呢？我听说他是最能奉养老人的。姜太公也是逃避纣王，隐居在东海边上，听说文王兴起了，便说：为什么不一起去归依文王呢？我听说他是最能奉养老人的。天下有善于奉养老人的人，那么仁德的人便把他作为自己的依靠了。这就是关怀老者、值得人归心的明君。

孟子曰：“民非水火不生活，昏暮叩人之门户求水火，无弗与者，至足矣。圣人治天下，使有菽粟如水火。菽粟如水火，而民焉有不仁者乎？”

百姓没有水火不能生存。举例来说：天黑时分，你去叩人家的门，讨一点水，一点火，没有不给的。这是因为水火极多的缘故。

圣人治理天下，要使粮食如水火一样的多。若是粮食如水火一样的充足，百姓哪能不仁爱呢？

第十一章

以心传心

这世上的万川之水是相通的么？若是相通，人心能不能相通呢？人能否以心传心，倾听心声呢？

我们常说的“乐以天下，忧以天下”语出何处呢？语出《孟子》的《梁惠王下》篇。

孟子说：自己一个人欣赏音乐固然很快乐，跟别人一起欣赏音乐也很快乐，究竟哪个更快乐呢？齐宣王说：当然跟别人一起欣赏音乐快乐一些。

孟子又问：跟少数人欣赏音乐固然快乐，跟大多数人欣赏音乐也快乐，究竟哪个更快乐呢？齐宣王说：当然跟大多数人一起欣赏音乐更快乐。

孟子以故事来阐明道理：“那就让我来为大王讲讲欣赏音乐的道理吧！假如大王在奏乐，百姓们听到大王鸣钟击鼓、吹箫奏笛的声音，都愁眉苦脸地相互诉苦说：‘我们大王喜好音乐，为什么要使我们这般穷困呢？父亲和儿子不能相见，兄弟和妻儿分离流散。’假如大王在围猎，百姓们听到大王车马的喧嚣，见到旗帜的华丽，都愁眉苦脸地相互诉苦说：‘我们大王喜好围猎，为什么要使我们这般穷困呢，父亲和儿子不能相见，兄弟和妻儿分离流散。’这没有别的原因，是由于不和民众一起娱乐的缘故。假如大王在奏乐，百姓们听到大王鸣钟击鼓、吹箫奏笛的声音，都眉开眼笑地相互告诉说：‘我们大王身体很健康吧，要不怎么能奏乐呢?’假如大王在围猎，百姓们听到大王车马的喧嚣，见到旗帜的华丽，都眉开眼笑地相互告诉说：‘我们大王身体很健康吧，要不怎么能围猎呢?’这没有别的原因，是由于和民众一起娱乐的缘故。君王若能仁慈无私，所喜欢的音乐必然日渐和雅，如和风细雨润人心田。礼乐天然，出自心田，民之乐即王之乐，天下同此乐，王之有也即民之有，这就是真正天下大同、仁德治世的王道。倘若大王与百姓一起娱乐，共同分享内心的喜悦，那么就会受到天下人的拥戴!”

孟子很有意思，曾经对齐宣王打了个比喻。

孟子谓齐宣王曰：“王之臣有托其妻子于其友，而之楚游者。比其反也，则冻馁其妻子，则如之何?”王曰：“弃之。”曰：“士师不能治士，则如之何?”王曰：“已之。”曰：“四境之内不治，则如之何?”王顾左右而言他。

孟子对齐宣王说：“如果大王您有一个臣子把妻子儿女托付给他的朋友照顾，自己出游楚国去了。等他回来的时候，他的妻子儿女却在挨饿受冻。对待这样的朋友，应该怎么办呢?”

齐宣王说：“这种朋友还能交吗? 和他绝交!”

孟子说：“如果管司法的长官不能够管理他的下属，那应该怎么办呢?”

齐宣王说：“撤他的职，这还有什么话好说!”

孟子又说：“如果一个国家治理得很不好，那又该怎么办呢?”

我们知道了，是“王顾左右而言他”。

要撤王的职，那王肯定不愿意了。所以，王“顾左右而言他”。这句话我们经常用。

这句话就是从《孟子》里来的。齐宣王就说：啊，天气很好啊，把话题扯到一边去了。

另外，还有一个故事也很好。国王治理国家治不好，是要被撤掉的，这在历史上是有先例的。

齐宣王问曰：“汤放桀，武王伐纣，有诸？”

孟子对曰：“于传有之。”

齐宣王曰：“臣弑其君，可乎？”

孟子对曰：“贼仁者谓之‘贼’，贼义者谓之‘残’。残贼之人谓之‘一夫’。闻诛一夫纣矣，未闻弑君也。”齐宣王问道：“商汤流放夏桀，武王讨伐商纣，有这些事吗？”（因为齐宣王也很害怕）

孟子回答道：“典籍上有这样的记载。”

齐宣王问：“臣子杀他的君主，可以吗？”

孟子说：“败坏仁的人叫贼，败坏义的人叫残；残、贼这样的人叫独夫。我只听说杀了独夫纣罢了，没听说臣杀君啊。”（孟子的意思是：我根本不认为他是君）

这样，我想起了有一段是记载夏桀最后怎么被民众推翻的故事。夏桀曾经自比太阳，夸口说，什么时候太阳消灭，他才会灭亡。

人们实在受不了了，《尚书　汤誓》里有记载，受苦的百姓深深怨恨夏桀，说：你这位如同烈日似的暴君啊，你什么时候才能够没落啊？你赶快没落吧。我宁愿同你这个暴君一同灭亡，也不愿再忍受你暴虐的残害。一个做君主的人，人们怨恨他到了宁愿和他同归于尽的地步了，即使他拥有美好的塘池和鸟兽，即使他拥有华丽的宫殿，又怎么能安享下去呢？这不是历史的教训吗？

孟子在与梁惠王对话的时候说，王如施仁政于民，仁者无敌，王请勿疑！

仁者无敌，说的是仁道的感召力啊，如果一个邦国的父母挨冻受饿，兄弟妻子离散，王前去讨伐，谁能抵御呢？所以说仁者无敌啊！很多人深信坚甲利兵，而对仁义之道持怀疑的态度，但是放长眼光来看，依然是仁者无敌。

“得民心者得天下”。

这句话大家已经是耳熟能详了。孟子在《离娄》章句中说道：“得天下有道：得其民，斯得天下矣；得其民有道：得其心，斯得民矣。”简而言之就是得民心者得天下了。

孟子谈为政，就是平治天下，治理国家，思路与众不同，但是思想极其精深。

孟子曰：“桀纣之失天下也，失其民也；失其民者，失其心也。得天下有道：得其民，斯得天下矣；得其民有道：得其心，斯得民矣；得其心有道：所欲与之聚之，所恶勿施，尔也。”

夏桀商纣之所以丧失了天下，是因为失去了天下的民众，之所以失去了天下民众的拥戴是因为失去了民心。得天下是有方法的，你得到了民众的支持就得到了天下；而得到民众是有方法的，你得到了民心就是得到了民众；得民心也是有方法的，民众所希望的要多给予，并替他们积蓄起来，对民众所厌恶的，不要强加给他们，仅此而已。圣人给出的答案很简单。这就是仁与不仁的区别。孟子说：治理国家就是两个字，就是“仁”，或者“不仁”。人们拥不拥戴你，人们的心是否归依你，就高下立判。

民众希望什么？从古到今，百姓希望什么？民众希望的无非是政局稳定、生活富足、身心安康，安居乐业，希望能够充分发挥自己的潜能、能力、价值，让社会的财富能够充分地涌流。

所以，贫穷不是社会主义，发展是第一要义。发展经济使人们的生活富足，这就是人们所希望得到的。人们希望得到的，就给予他们，并替他们积蓄起来；人们厌恶的，就不要强加给他们，不要再瞎折腾了。

孟子是看到了人的本性，知道我们治理国家要顺从人的本性，顺从百姓的愿望、需求，这样才可以。

孟子曰："民之归仁也，犹水之就下、兽之走圹也。"他是善于比喻的人，他说：民众归服于仁政，就如同水往低处流、野兽往旷野奔走一样。比喻得多么形象啊。

改革开放，犹如一场奔涌而来的春潮，开化了大地，解冻了河流，把人内在的潜能充分地发挥出来，就像决了堤的洪水一样，谁能阻挡？无人能够阻挡。这句话是很有诗意的，比喻得很形象的。水的本质是顺下的，若导之就下，则沛然而往莫之能御；野兽的本质是放逸，若放任其旷野，则群然而趋莫之能御。民众的盼望和需求是无法阻挡的，应该顺从民意，顺从民心，这样才能治理好国家。

孟子曰："故为渊驱鱼者，獭也；为丛驱爵者，鹯也；为汤武驱民者，桀与纣也。今天下之君有好仁者，则诸侯皆为之驱矣。虽欲无王，不可得已。"

孟子打了个比喻说：为深渊把鱼驱赶来的是水獭。意思是说：因为鱼儿在水中怕被獭所食，都往深水的地方躲藏。为丛林把鸟儿赶来的是鹞鹰，因为雀儿在林中怕被鹞鹰所食，都往茂林深处栖息，以避鹞鹰之害。为商汤王、周武王把老百姓赶来的是夏桀和殷纣王，因为夏桀和殷纣暴虐无道，百姓不得安生，所以大家都归服汤武。现今，如果有一个喜好仁德的君主，其他诸侯整天征战，暴虐百姓，其实就是把百姓赶到汤武这里来。如果是这样的明君的话，天下的人都会拥戴你，都要奔走相告，都要归服于你，天下归心，万川归海，即使你不想称王于天下也是推辞不掉的了。

孟子讲的是一个局势，治理国家走的不应当是穷兵黩武的路，而是仁爱的路，这样才能够真正地平治国家。

孟子曰："今之欲王者，犹七年之病求三年之艾也。苟为不畜，终身不得。苟不志于仁，终身忧辱，以陷于死亡。《诗》云：'其何能淑，载胥及溺。'此之谓也。"

现今那些想称王于天下的人走错路了，想错法子了，好比患了七年的痼疾，要找三年的艾草才能治疗。你平常不去栽培那些艾草，病到绝期也是得不到的。

王啊，如果你不立志施行仁政，就会一辈子忧患受辱，甚至死亡。《诗经》上说：这样的人怎么能得到好结果啊？只好相率落水灭亡罢了。不行仁义之君，最后是得不到什么好下场的。

我觉得孟子的话发人深省。孟子曰："人有恒言，皆曰'天下国家'天下之本在国，国之本在家，家之本在身。"我觉得这句话也值得好好关注，他把个人的仁爱、修身，还有天下的平治，都联系在一起了。他为什么这样说？这句话背后的深意是什么呢？

哲学的观念是要贯通的。像以前孔子《论语》说的"吾道一以贯之"，就是"忠恕"二字，没有改变的。孟子讲的是仁爱。

不仅仅是君王要仁爱，天下所有的人，自天子以至庶人，都要有仁爱之心，这样天下才能平治，国家才能安宁，大家才能安居乐业。孟子讲的是放眼四海的道理。他的推论确实是由近及远，非常有逻辑。

记得《大学》里有这样一句话："正心诚意修身齐家治国平天下。"所以，"古之欲明德于天下者，先治其国；欲治其国者，先齐其家；欲齐其家者，先修其身；欲修其身者，先正其心。"

天下之平治或万邦之平治，根基在一国。每个国家都平治了，天下就安宁了。一个国家的治理又有赖于一家之齐，每一个家要非常的安宁和谐，这个国家才能够和谐。我们常说家庭是国家的希望，"一家仁，一国兴仁；一家让，一国兴让；一人贪戾，一国作乱"。道理是这样的。所以，"治其国者必先治其家，其家不可教而能教人者，无之。"连家都治不好，还去教别人治国的道理，没有这样的。治好家的前提是先修身，自己不能修仁德，不能存仁义的话，又怎么齐得了家呢？

孟子讲的是天下的道理，国家的治理要仁爱，每个人的安身立命要仁爱，家庭的和谐也要仁爱。整个从上到下，从远到近，每一点都离不开仁爱的哲学，仁爱是天下之本。

孟子在《离娄》章句中说道："三代之得天下也以仁，其失天下也以不仁。国之所以废兴存亡者亦然。天子不仁，不保四海；诸侯不仁，不保社稷；卿大夫不仁，不保宗庙；士庶人不仁，不保四体。今恶死亡而乐不仁，是犹恶醉而强酒。"

要保全天下、国家、宗庙，乃至于身家性命，必须要行仁义，存仁德。而要做到这点，必须自天子，以至庶人，皆以修身为本，以施行仁义为本。

一个国家的治理，一个城市的治理，或是一个企业的治理，如果对人没有怀有仁爱之心，不想着给予人家，不想到人家的安居乐业的话，一个国家也治理不好，一个城市也管理不好，一个企业也治理不好。你只想着自己的富足，而不想着员工的生活，不想着员工的期望，他的心不归向你的话，你真的能管理好这个企业吗？你那样做只能得到皮毛，而得不到精髓了。

孟子对整个历史的分析可以说让王振聋发聩。“仁与不仁”往往决定了这个国家存与不存。

孟子在《离娄上》章句说：“孔子曰：‘仁不可为众也。夫国君好仁，天下无敌。’今也欲无敌于天下而不以仁，是犹执热而不以濯也。《诗》云：‘谁能执热，逝不以濯？’”

如果国君喜欢仁德的话，将无敌于天下，现在有些诸侯想无敌于天下，却又不肯施行仁政。就好像烫着了，却不用凉水去冲洗。《诗经》上说：“有谁能烫着了，却不用凉水去冲洗呢？”现在诸侯走的完全是南辕北辙的道路。你想称王于天下，你就要让老百姓归心。怎么样才能让百姓归心敬爱你呢？无非是想百姓之所想，急百姓之所急，给人们希望的东西，不要强加于他们不愿要的东西，这才是正途。如果你想称王于天下，你却横征暴敛，然后你又去打仗，尸横遍野，就等于你完全被烫着了，却不用凉水去冲洗。

这表面看上去是方法错误的问题，实际上是目标错误的问题。你称王天下是为了什么？是为了使臣民过得更好，是为了使这片疆土变得繁荣呢，还是只是为了满足一己私欲呢？

行仁义是为了说说看的，还是动真格呢？有没有真正把仁义作为自己的目标呢？

我们经常说，要做一个动词，不要做一个名词。做名词就是喊口号，做动词是行动，我们要去做。这是完全不一样的。

孟子曰："今有仁心仁闻而民不被其泽，不可法于后世者，不行先王之道也。"

孟子说，现在有些诸侯虽然有仁爱的心肠和仁爱的声誉，但是民众却没有享受到实实在在的恩泽。只听说一个很仁爱的君王，但是他做了什么好事却不知道，这是徒有其名。不能成为后世效法的模范，因为他并没有真正奉行先王之道。尧舜是真正的要行仁政，而不是在名义上说仁政或博得仁义的声誉。这是有很大差别的。要怎么做呢？

孟子说："圣人既竭目力焉，继之以规矩准绳，以为方圆平直，不可胜用也；既竭耳力焉，继之以六律正五音，不可胜用也；既竭心思焉，继之以不忍人之政，而仁覆天下矣。故曰，为高必因丘陵，为下必因川泽；为政不因先王之道，可谓智乎？是以惟仁者宜在高位。不仁而在高位，是播其恶于众也。"（《离娄上》）

圣人是怎么做的？圣人既竭尽了目力（眼光），世间的事他看得很清楚，应该是可以了，但还不够，还要用圆规、角尺、水准、墨线来画方的、圆的、平的、直的。圣人既竭尽自己的听力，又不满足于这个，又用六律来校正五音。圣人既已竭尽了心力，又加以施行仁政，仁爱足以。所以，治理国政应当参照先王的仁爱之道。筑高台一定要凭借山陵，挖深池一定要依傍河泽，治理国政若是远离了尧舜的仁爱之道，还称得上是明智吗？治理国政，理当让仁者居于统治地位，将仁心仁政传播四方，若是没有仁德的人居于统治地位，广播其恶，使人民受害，这是明智还是不明智呢？有没有德行，影响的不是一个人，而是天下的苍生。

要想使人心服，就要有道德上的感召力，就要行仁义，要想着天下老百姓的安危冷暖。就像孟子说的，“爱人者，人恒爱之；敬人者，人恒敬之。”不爱人，不敬人，就得不到天下人的拥戴。

孟子是站在很高的境界上说话的。他说：“孔子登东山而小鲁，登泰山而小天下。”说的是登高望远。

孟子曰：“君子行法，以俟命而已矣。”

君子是依照法度来行事的，等待命运的安排罢了。

这是不是很消极的话呢？不是的。我们说天理叫做法，凶吉祸福叫做命。法，我们知道按法度来行，那命我们怎么能知道呢？

“法当竭尽心力去行”，就是说这个规律我必须得按照这个来执行。

“命不可必得者也”，就是说我怎么能知道命运是怎么安排的呢。

天理和规律是毫发不可逾越的，而命运的安排就不是人力所能为的了。所以，君子为了道义不顾自己的安危，君子能做的，就是按照道理去做事。

第十二章

天爵人心

什么是人世间最宝贵的东西呢？是万人之上的高贵爵位吗？是人世间的尊荣富贵吗？或者，是人间最值得珍视的道德、精神和灵魂？

可能每个人的看法都不一样。孟子又是怎么看的？

孟子在《告子上》中有这样一段话。

孟子曰："有天爵者，有人爵者。仁义忠信，乐善不倦，此天爵也。公卿大夫，此人爵也。古之人修其天爵，而人爵从之。今之人修其天爵，以要人爵，既得人爵，而弃其天爵，则惑之甚者也，终亦必亡而已矣。"

有天赋予的爵位，有人给予的爵位。仁、义、忠、信，乐于行善而不疲倦，就是天爵。公卿大夫，这些就是人爵（人世间的爵位）。古代的人修养他的天爵，而人世间的爵位就随之而来了，比如，德才兼备，可以为政。现在的人修养天爵是为了用它来谋求人世间的爵位。一旦得到了人世间的爵位之后，就抛弃了他的天爵，抛弃了仁、义、忠、信了。这些人实在是太糊涂了。这样做的结果，就是最终会失去人世间的爵位。

孟子处在那样一个时代，是深通人情世故的。圣人又有什么是不知的呢？

他说："欲贵者，人之同心也。人人有贵于己者，弗思耳。

人之所贵者，非良贵也。赵孟之所贵，赵孟能贱之。《诗》云：‘既醉以酒，既饱以德。’言饱乎仁义也，所以不愿人之膏粱之味也。今闻广誉施于身，所以不愿人之文绣也。”

世人想要尊贵，这是人们共同的心理，谁不想尊贵？其实人人都有自己最珍贵的东西，只是平常大家没有思考和认识罢了。

孟子又说了一句石破天惊的话：别人给予的尊贵不是真正的尊贵！赵孟能赏赐一个人官职使其尊贵，赵孟也可以罢免他的官职令其卑贱（这里以赵孟代指有权势的人物，不一定具体指哪一个）。晋国的赵孟掌握了实权，他可以让谁做官，他也可以剥夺人的官。他可以使你尊贵，他也可以使你卑贱。大家想一想，人真正的尊贵在哪里？是外在之物，还是内在本性？如果尊贵是外在的，是由别人赐予的，可予可夺，朝为座上宾，暮为阶下囚，人还有什么尊贵可言？可见，被人赐予的尊贵不是长久的，只有天赋的善良本性、仁义忠信才是人真正的尊贵之处，它是人本自具足的，非由外铄我也，别人也无法剥夺。自己有仁德就不羡慕别人的美味佳肴了，自己有美好的的名声，也就不羡慕别人的锦绣衣裳了，德行之光堪比日月，哪里还用得着仰仗珠玉的光华呢？

我们经常羡慕人家吃得好，穿得好，这些有什么尊贵的呢？你内在的知识，你的德行，你的理智，杰出的才能，这是最尊贵的东西。

明代的张居正把这段话解说得特别好。他说：看见人家的官大，我也想做这样大的官。天下人都是这样想的。平常人都说好尊贵，因为你有名，所以尊；因为你有势，所以贵。但这并不是真正的贵。这些权都是别人给的，你做得不好，别人也可以夺去。那么，你的贵是一时之贵，你的贱也是一时之贱，你自己很难去把握。内在的，你自己能把握的不多。如果你能了解的话，就会很平静地看待这件事情。如果人一旦醒悟，知道自身的贵是在内心的良知的话，人们怎么会羡慕那些吃好、穿好而忘记内心道德的贵重呢？怎么不会去赞美那些有德行的人，而去羡慕那些吃得好、穿得好的人呢？所以，真正要懂得什么是尊贵，就要回到你自己的内心，要反求诸己。

大家对“良知”、“良能”可能比较了解，爱亲是“良知”，敬长是“良能”，都是不学而知，不虑而能，是人的天然本性。但是很少注意到孟子所说的“良贵”，即自身之贵。贵是自身具备的，不是别人给你的。因为别人给你官，也会夺你的官，这有什么意义？如果说贵是外在的，那么别人夺你的官，你不就傻了吗？加官晋爵就尊贵了吗？沦为阶下之囚就卑贱了吗？人到底是因为什么高贵呢？是因为他人的给予，还是因为自己本自具足的价值呢？骏马是因为马鞍呢，还是因为它本身的雄健呢？别人给的尊贵并不是真正的尊贵，赵孟可以使你尊贵，赵孟也同样可以使你下贱。这有什么意义？真实的内在的仁义，内在的潜能，这才是你真正拥有的尊贵。你要开发它，表达它，使你内在的光华展现出来。如果你只想着别人一纸公文给你，那有多大的意义呢？能给，也能夺。

非常经典。我记得孔子在《论语》中说：“天生德于予。”孟子在《万章》章句上也曾经说过：一个人是否能够得到权力，是上天给予的。

孟子在《万章》章句上说：一个人能否得到天下，其实是天意。

万章曰："尧以天下与舜，有诸？"孟子曰："否；天子不能以天下与人。""然则舜有天下也，孰与之？"曰："天与之。""天与之者，谆谆然命之乎？"曰："否；天不言，以行与事示之而已矣。"曰："以行与事示之者，如之何？"曰："天子能荐人于天，不能使天与之天下；诸侯能荐人于天子，不能使天子与之诸侯；大夫能荐人于诸侯，不能使诸侯与之大夫。昔者，尧荐舜于天，而天受之，暴之于民，而民受之。"故曰："天不言，以行与事示之而已矣。"

万章问："尧拿天下授予舜，有这回事吗？"孟子说："不，天子不能够拿天下授予人。"万章问："那么舜得到天下，是谁授予他的呢？"孟子回答说："天授予的。"万章问："天授予他时，反复叮咛告诫他要他接受吗？"孟子说："不，天不说话，拿行动和事情来表示罢了。"明代张居正解释说：天不说话，但是舜所做的事情都是顺利的，都得民心，都得民意，那就是天意。

万章问："拿行动和事情来表示就是老天给他天下了，这是怎么回事呢？"孟子回答说："天子能够向天推荐人，但不能强迫天把天下授予这人；诸侯能够向天子推荐人，但不能强迫天子把诸侯之位授予这人；大夫能够向诸侯推荐人，但不能强迫诸侯把大夫之位授予这人。从前，尧向天推荐了舜，上天接受了；又把舜公开介绍给百姓，百姓也接受了。所以说，上天不说话，是凭舜的行动和办事来表明上天把天下给了他罢了。"

到底怎么行事才能使人感觉到任用一个人管理天下是天意，使人感觉到万川归海、万邦归心呢？任用一个人、授予一个人官职的合法性在哪里呢？

从哲学角度而言，顺天意是可以被说明的事情，不是你说是就是的。孟子的门生万章也在问同样的话。

万章曰："敢问荐之于天，而天受之；暴之于民，而民受之，如何？"曰："使之主祭，而百神享之，是天受之；使之主事，而事治，百姓安之，是民受之也。天与之，人与之，故曰，天子不能以天下与人。舜相尧二十有八载，非人之所能为也，天也。《泰誓》曰：'天视自我民视，天听自我民听。'此之谓也。"

万章说："请问推荐给天，天接受了；公开介绍给老百姓，老百姓也接受了。这是怎么回事呢？"

孟子说："叫他主持祭祀，所有神明都来享用，这是天接受了；叫他主持政事，政事治理得很好，老百姓很满意，这就是老百姓也接受了。天授予他，老百姓授予他，所以说，天子不能够拿天下授予人。舜辅佐尧治理天下二十八年，这不是凭一个人的意志能够做得到的，而是天意。《太誓》说过：'上天所见来自我们老百姓的所见，上天所听来自我们老百姓的所听。'说的正是这个意思。"

说到底，天意其实就是民意，就是民心。

天人相应，天人一也。

万章还问了一个问题，就是到了禹的时候，（帝位）不传给贤人却传给儿子，这对吗？孟子说"举贤不避亲"，主要是看这个人是否有仁义禀性。如果贤明，举国自然会拥戴。如果不贤明的话，即便你生在帝王之家，也未必能称王天下。因为称王天下必须要服众。那么，这又回到孟子理论的原点了，就是"修其天爵，而人爵从之"。

你的品德、道德好，自然就会有人世间的爵位了。

谈完天子，再谈谈关于良臣德行的话题。

做王的比较少，而辅佐天子的良臣很多，能称之为良臣，主要看他们的德行。

万章说，人们都说，伊尹是通过烹饪美味来求得汤王的欢心和任用的，是不是有这样一回事呢？孟子说：哪有这样的事情。伊尹原在有莘的郊野耕作，喜爱尧舜之道。什么事情如果不符合义，不符合道，把整个天下当做俸禄给他，他都不会理睬；即使有四千匹马拴在那里，他也不看一眼。如果不符合义，不符合道，一根草他也不会拿去送人，一根草也不拿别人的。汤王派人带了礼物去送给他，他无动于衷地说：我要汤王的聘礼干什么呢？有谁能像我这样生活在田野之中，把尧舜之道当做快乐呢？后来他辅佐商汤，劝说商汤讨伐夏桀，拯救人民。伊尹并不是因为会做饭，而使汤王高兴，得到汤王的欢喜和任用，而是因为他的德行，因为他坚信尧舜之道。

综合以上，孟子感慨地说：圣人的行为真的是各有不同，有的人远离君主，有的靠近君主；有的离开朝廷，有的不离开朝廷。但是归结到底，做臣子的，自己干净才好。我只听说过伊尹，他是凭尧舜之道去求汤任用的，没有听说过去当厨子求官做的呀。

那么道家是如何看待爵禄富贵的呢？庄子说，致道者忘心。

我们看看庄子的《让王》篇。让王，顾名思义就是辞让王位。一个人能够毫不犹豫地放弃包括天子之位在内的一切荣华富贵，甚至为此牺牲生命也在所不辞，这是庄子“游于道”才能有的气魄。

舜以天下让善卷，善卷曰："余立于宇宙之中，冬日衣皮毛，夏日衣葛絺；春耕种，形足以劳动；秋收敛，身足以休食；日出而作，日入而息，逍遥于天地之间，而心意自得。吾何以天下为哉！悲夫，子之不知余也！"遂不受。于是去而入深山，莫知其处。

舜想把天下让给善卷，善卷是一位隐士。善卷说："我在宇宙天地之中，冬天披着兽皮袄，夏天穿着葛布衣；春天下地耕种，快乐地劳作；秋天收割贮藏，依时而休息。太阳升起时就下地干活儿，太阳下山了就返家歇息，无拘无束地生活在天地之间，心中的快意只有我自己能体会。我又哪里用得着去统治天下呢！可悲啊，您不了解我啊！"没有接受天下。善卷接着离开了家，隐入深山，没有人知道他隐居在何处。

还有一个故事，越人先后三代杀掉自己的国君，越王翳被他的儿子诸咎杀害，越人杀诸咎，立无余为君。后来无余又被杀，立无颛为君。王子搜对此十分担忧，逃到荒山野洞里去。越国没有了君主，到处找寻王子搜都没能找到，便追踪来到洞穴。王子搜坚决不肯出洞，越人便点燃艾草用烟熏洞，逼他出来，还为他准备了国王的乘舆。王子搜拉着车上的绳索，仰天大呼说："国君之位啊，国君之位啊，难道就不能放过我啊！"

生命和天下，哪一个更贵重呢？当然是生命。在庄子看来，生命不能受外物的牵引和支配，即使贵为国君，如果妨碍生命的保全和自由伸展，那也可以弃之如履。

得道之人他们有没有卓越饱满的内心呢？

他们有着极其丰富的内心。

曾子居卫，缊袍无表，颜色肿哙，手足胼胝。三日不举火，十年不制衣，正冠而缨绝，捉衿而肘见，纳屦而踵决。曳、縰而歌商颂，声满天地，若出金石。天子不得臣，诸侯不得友。故养志者忘形，养形者忘利，致道者忘心矣。

曾子居住在卫国，穿的是乱麻絮做里子的袍子，袍子已经破破烂烂，曾子满脸浮肿，手和脚都磨出了厚厚的老茧。他三天难得生火做一次热饭，十年没有添制一件新衣，正一正帽子帽带就会断掉，提一提衣襟，遮住胸口了，但是胳膊肘就露出来了，穿鞋时稍微用力，鞋后跟就会裂开。但是当他拖着烂鞋高歌诗经中的《商颂》时，声音洪亮充满天地，就像从金石乐器中发出的一样。他独与天地精神往来的气度，使得天子无法把他看做是臣仆，诸侯也不能呼他来，与他结交朋友。所以说，修养心志的人能够忘却自己的形骸，养护身体的人能够忘却外界的声名利禄，得道的人能够忘却心机与才智，忘记一切成见。

孔子对颜回说："颜回，你过来！你家境贫寒，地位卑微，为什么不出来做官呢?"颜回回答说："我无心做官。学习先生所教给的道理，足以使我感到快乐。我不愿做官。"孔子听了深受感动："好啊，颜回的心愿！我听说：'知道满足的人不会因为名利而使自己受到牵累，真正安闲自得的人，即使失去了什么也不会感到忧惧，注重内心修养的人，即使没有高贵的地位，也不会因此感到惭愧。'我吟诵这样的话已经很久很久了，如今在你身上才算真正看到了这种品质，这是我的收获啊。"

保持生命的本真和内心的平和安乐，抛弃外在物质的浮华诱惑，面对生命和物欲有所取舍，这是对被物质蒙蔽了心性的人们的告诫啊。

古时候的得道之人，处境困窘时也能快乐，处境顺利时也能快乐。心境快乐的原因不在于困厄与通达，而在于他们具备了大道和美德。大道存留于心中，那么困厄与通达都像是寒与暑、风与雨相互交替出现那样实属正常，得道之人，可淡然处之，安时而处顺，哀乐不能入。

第十三章

心悦诚服

当人们心悦诚服某一事物，全然放下自己的时候，那种力量，是来自外在还是内心？

几千年来，西方人向外寻找，寻找天上的甘霖，中国哲人向内求，寻找心中的甘泉。

孟子曰："以力服人者，非心服也，力不赡也；以德服人者，中心悦而诚服也。如七十子之服孔子也。诗云：自西自东，自南自北，无思不服。此之谓也。"倚仗强力压服别人，不能够让别人心悦诚服。人们不是心服，只是因为力量不够，表面服从罢了。真正的服是凭借仁德，使人自愿归服，心悦而诚服，这才叫"心服"。中国文化强调"以德服人"，不"以力服人"。因为以德行仁者王，以力假仁者霸。儒家文化是以德行仁的文化。要行王道，不行霸道。孔子曾说过："远人不服，修文德以来之。"人若不服，要用道德的感召力来吸引，使得万川归海，万邦归心。齐国人淳于髡曾问孟子，您说男女授受不亲，这是礼制吧？那嫂子掉落水中，应当伸手去救吗？孟子说，嫂子掉落水中而不去救，那就是豺狼。淳于髡话锋一转，说，如今天下的人都掉在水中了，夫子怎么不去救呢？孟子回答：天下的人都掉在水里了，只能援之以道，用道义去救援。

能救得了天下之人的，是道义；能够使人真正心悦诚服的，还是道义。孟子曰："域民不以封疆之界，固国不以山溪之险，威天下不以兵革之利。得道者多助，失道者寡助；寡助之至，亲戚叛之；多助之至，天下顺之。以天下之所顺，攻亲戚之所叛；故君子有不战，战必胜矣。"不以疆界来限制人的进退，不以山川之险来固守社稷，不以兵器锐利来扬威天下。获得道义的人，帮助他的人多；失去道义的人，帮助他的人就少。帮助他的人少到极点，少到连亲戚朋友都会背叛他。众叛亲离，就是这个意思。相反，得道的人，有道的人，帮助他的人多到了极点，天下人都会归顺他。以天下归心的人，去攻打众叛亲离的人，要么君子不打仗，君子打仗一定会得胜。不是暴力的力量得胜，而是人心所向，是人格的力量，是人格的魅力得胜。而天下大道又是什么？儒家常讲，天下的大道，大道之行也，天下为公。大道就是仁义、德行。仁、义、礼、智、信就是天下的大道。拥有天下大道的人，天下的人都会追随，孟子打了一个比喻：天下的人好比禾苗。七八月间遇上干旱，禾苗就会枯萎；这时天上若是油然作云，沛然下雨，禾苗就会浡然兴之。人心之向就像禾苗生长，有什么力量能够挡得住呢？

使用强力压服别人，不能够让别人心悦诚服。真正的服是凭借仁德，使人自愿归顺，心悦诚服地跟随你的，这才叫"心服"。中国文化都强调要"以德服人"，不要"以力服人"。

西方一直怀疑中国崛起了会不会施行暴力，去侵略别的国家。中国不会这样的。因为我们的文化一直是"以德服人"，不是"以力服人"。

那么，天下的大道又是什么？

中国儒家的思想一贯都在追寻大道、探寻大道、践行大道。

大道就是仁义、德行。仁、义、礼、智、信就是天下的大道。

人人心中都应该有仁爱、有良知，中国文化是有心的文化。这是人心的尺度。你想到这一点，就抓到中国文化的根本了。孟子说，“水无有不下，人无有不善”。天下的水都是向下流淌的，万川归海，人的心都是善良的。我们现在环顾四周说，老夫子你说得不对啊，现在我看到那么多黑心的人，有那么多杀人放火拐卖妇女儿童的人。为什么你说人心都是善的？孟子就讲了一段非常发人深省的话，他说牛山上的树木原来是郁郁葱葱的，但是每天都有人拿着斧头去砍伐，他说斧斤之下哪里还有青山绿水啊。刚长出一两片叶子，心里刚刚有一点良知，知道些善恶，你又被物欲所惑、又被物欲所牵引，把良知又蒙蔽了。你看到今天人的心那么坏，你能说他抱在妈妈怀里的时候，他就是坏人吗？这难道是人的本性吗？

我们现在身边的确看到很多坏人，王阳明说，“恶人之心，失其本体”。这样的人把心丢失了，失去了本心。灵明的根不能生发。

你的无名指不能伸直，受了伤，你远远跑到秦国、楚国去治，可是你的心都坏了，你为什么不知道去治呢？人就要求这个放心，求这个心回来。本心到哪里去了？怎么能求得回来？仁心是人本自具足的，人人皆有的。你本来有，你才能觉醒，如果你本性中没有，你到哪里去求回啊！软盘里的东西可以恢复数据，软盘里没有，你到哪里去恢复？所以人心可能是在沉睡，我们需要把它唤醒。好像一条路本来有人走，但如今好久没有人走了，两边的草盖过了道路，你的心闭塞了，需要有人开导，茅塞顿开。佛家说，最坏的人都有佛性。儒家说人皆可以为尧舜，为什么？就是因为你有这颗心，有了这颗活的心，你的文化才能够活过来，如果你丢失了这个本性，不承认中国文化的心，那你就没有文化的传承了。国学是活的文化，新的传统。只要我们承认自己对父母还有爱，对家国还有爱，还有依恋，对自己的孩子，还有亲爱的情感，那你就是中国人。这些情感都活在中国人的心里，人要问自己，你们心中还有没有对父母的爱？父母去世的时候，心里有没有哀伤，眼里有没有泪？有，那就是中国人了，还有什么好说的呢？这是活的文化。不在于你穿什么衣服，不在于你用英语还是用汉语，而在于你有没有这颗心，有这颗心，就有了中国文化的根基。

中国文化是有灵魂的文化，如果文化没有灵魂，是不能凝聚所有人的，是不能让世人心悦诚服的。如果我们眼中只有赚钱，只有物欲，而不知道爱人，不知道对人关切，这个文化就是没有深度，没有意义的。中国文化的核心在哪里？就是“仁义礼智信”。仁是什么？仁是人心。义是什么？是人该走的路。仁就是人心中的爱，所以朱熹说，“仁之发处自是爱”。仁所发动的地方就是“爱”。

宰我对老师孔子说：老师，您说亲人去世了要守丧三年，太久了啊。三年不修习礼乐，礼乐必定荒废，守丧一年就可以了。孔夫子没有直接回应，而是用另外的话来启发他，说：在居丧期间，你吃白米饭、穿绫罗绸缎，心里安不安啊？这个学生很直率，说“心安”。夫子就说，汝安则为之！你心安，你就去做吧。君子守丧，心中哀戚，食而不知其味，闻乐不觉愉悦，在家里睹物思人，倍加伤心。既然你对父母没有感怀之心，伤怀之意，父母离世你没有撕心裂肺之痛，反而说心安。你既心安，就去做吧！学生走了之后，夫子在屋子里叹息说："予之不仁也！子生三年，然后免于父母之怀，夫三年之丧，天下之通丧也。予也有三年之爱于其父母乎？"意思是，你真是没有人心的孩子啊！妈妈生下你，一直把你抱在怀里三年，舍不得把你放在地下走路，怕你磕碰、怕你饿着、怕你渴着，如今父母去世，你觉得一年守丧就够了，难道你小时候，妈妈没有把你抱在怀里三年吗？你没有感受到父母的亲情恩泽吗？难道你对父母的爱如此短暂，连三年都没有吗？

我们今天为什么不能够抛弃儒家讲的这些道理，就是因为它跟我们的生命联在一起，跟对天下人的爱联系在一起，这是你无法抛弃的。它是有根源的东西，这个就是活力之所在，精神之所在。这就是仁义礼智信所包含的人类的情感。

仁者爱人，一个爱字包含多种情感在里面！不仅爱父母兄弟，也要博爱天下，也要同情关爱所有的人，这个"爱"字是非常真切的东西。我学习《论语》的时候，知道有这么一句话，"巧言令色，鲜矣仁"。意思是表面上只会说好听的，没有仁德。光说好听的怎么说没有仁德呢？难道要说不好听的吗？原来，原意是说爱的内在情感必须真切，不要只做表面工夫。一棵树的根不真切，马上就会枯萎。一种文化为什么能够长久？因为它讲的道理是真切的，情感是真切的，关乎生命。这样才有文化在。

仁是人心，义是人路，义是人的路，正道。可以托六尺之孤，可以寄百里之命。可以把幼小的孤儿托付给你，可以把王国的命脉交给你。临到大难的时候你怎么样？大难来的时候，你不动、不怕、不惧，才是真君子，才是不动心。什么叫不动心？孟子说："吾四十而不动心。""富贵不能淫，贫贱不能移，威武不能屈。”为何不动心？不是说对人没有爱和关切，而是说为了道义，无论多少钱，我不动心，无论怎么样的胁迫，我不动心，无论我处在贫困还是处在富贵之中，我不改变君子的心性。这个心性就是天地良心，就是天道，就是君子本性。义，有古今之公义，有民族之大义，有天下之公义。那些普世的价值，那些世人皆认可的价值观，那些精神的东西，难道我们要弃之不顾吗？但是该怎么坚守呢？在诱惑面前我们该怎么做呢？在逼迫面前我们怎么做呢？在富贵面前我们怎么做？讲义，是有很深的哲学和伦理根源在里面的。

怎么讲礼？礼讲究谦逊，懂得生命的尊贵。要自卑而尊人，就是把自己的姿态放低一点，懂得尊重别人。为什么会有礼？因为有人性的爱，“仁者无不爱也，仁者无不敬也，仁者无与人争也”。孔子说：“人而不仁，如礼何？人而不仁，如乐何？”作为一个人，你内心没有爱，送礼给人家，礼的存在还有什么意义？心里面没有真切的爱，你作乐唱歌有什么用？必须一切从内心发出来，这个才是有根基的东西。

什么叫做智慧？智慧在中国文化看来，是要知道善恶，而且还要知道择善去恶。三人行必有我师焉，择其善者而从之，其不善者而改之，要笃信好学，守死善道，这个才叫明智。荀子有个故事，就是杨朱在十字路口哭起来了。问他你为什么哭啊？他说目前有两条路啊，差之毫厘，失之千里，不知道哪条路是对的。我选这条路这么走下去，错了就回不了头。其实我们每时每刻都处在人生的十字路口，都处在善恶、荣辱、安危这些选择里。有小孩跌到地上，我是去抱一下还是置之不理？老人摔倒，我是搀扶起来还是冷漠相对？两条路，每时每刻都在考验我们的心性，这叫智慧。很多人以为自己很聪明，其实根本不懂得智慧啊！

人禽之辨、义利之辨，不可不察。孟子说，人和禽兽相差很多吗？很少很少，差别在哪里？就是因为君子存仁爱的心，恭敬的心，而禽兽没有这个心。

“信”，我们讲一诺千金，讲信誉。“信”是用生命来承诺的，是非常刚烈的东西，我们看《赵氏孤儿》，那个“信”是用生命去换的，他把自己的亲生子献出去，而保全忠烈的后代，这叫“信”。

中国人讲的“信”和西方人讲的“信”有一点不一样，中国人讲的“信”是求自己的心。西方人讲的“信”可能是根据契约来追究人的行为，不诚信就追究你的责任，赔偿。中国文化讲的是君子求诸己，什么叫忠恕？忠就是尽己之心啊，恕就是推己及人。所以说仁义礼智信是有灵魂的。中华文化是有灵魂的文化。

中国文化的精神，不能脱离仁义礼智信。做堂堂正正的人，你怎么可能脱离仁义礼智信呢？孟子说：“不仁、不智、无礼、无义，人役也。”不仁不智、无礼无义，就是蒙昧而不能开启自我生命的奴隶。人们心服的是什么？也是仁义礼智信，这是中国文化的核心价值，不仅仅是亚洲价值，也是普世价值。

理雅各是苏格兰很有名的汉学家，19 世纪苏格兰的传教士。他本是来东方传教的，但是当他踏上中国的土地时，却发现中国有非常令人尊崇的文明，有了不起的语言、文学、制度。中国文明的价值其实是普世价值。他花了很多的心血来翻译四书五经。他在香港待了二三十年，后来回去做了牛津大学的首届汉学教授，又获得法国翻译儒莲奖。他怀着深厚的感情来翻译中国的四书五经，令我们非常感慨。随着中国国力的增强，中国文化应该是具有普世价值的文化。应该是一种典范或者是一种模式，一种范式，应该在全世界人民面前受到别人尊崇。中国文化里有非常美好的精神气质，那就是生命的气质，对人、对自然爱的气质。仁者爱人，是宽裕温柔的气质，我觉得那种感觉就是对生命的一种礼赞，对人格的尊崇，这个是普世的价值啊，在全世界来看，谁不要仁爱呢？谁不要信义、谁不要友善和礼貌、谁不要聪明和睿智、谁不要一诺千金的承诺呢？我觉得从人的本性上看，这些价值观都是无可辩驳的。

使人心服的是德行，而非其他。孔子曰："为政以德，譬如北辰，居其所而众星拱之。"用德行来治理国政，如同北极星处在自己的位置上，而众多的星辰来拱卫它一样。为政以德，心中有大道，乐以天下，忧以天下，与人分享，与人同乐，就是使人信服的王道之政啊。

怎么样能做到天下同心呢？这就是孟子常说的王道，就是要将心比心。要以不忍人之心，行不忍人之政。

有这样一段话：孟子见梁惠王。王立于沼上，顾鸿雁麋鹿，曰："贤者亦乐此乎？"孟子对曰："贤者而后乐此，不贤者虽有此，不乐也。"

梁惠王站在一个大大的池沼边（王家园林），抬头看看在树梢上栖息的鸿雁，低头看看园中安详吃草的麋鹿，觉得心里很畅快，很快乐。再看看孟子，对孟子说：你们这些讲究仁义道德的贤人们，是不是也喜欢这种园林风光啊？是不是也喜欢这些珍奇走兽啊？你们有没有这种快乐啊？王的得意之情溢于言表。梁惠王的问话中有一种轻视的味道和一种自诩的味道。

孟子单刀直入地说：一个贤者一定是要等到天下太平了，大家都享受到安乐的生活之后，才会去享受这种园林的乐趣（后天下之乐而乐）。可是一个不贤的人，即使有了这样的园林，也不会有真正的快乐，更不能永远地享受快乐。

我们想想历史上有多少亭台楼阁，最后都毁于一旦了。仁则荣，不仁则辱。

我还想起一个故事，是《晏子春秋》里的。

景公时，雨雪三日。被狐白裘，坐于堂侧，谓晏子曰："三日雨雪，天下何不寒？"晏子曰："夫贤君饱则知人饥，温则知人寒。"公乃去裘。

有一年的冬天，连下三天的大雪。齐景公穿了很好的白狐袍子，坐在王宫里。他对晏子说，下了三天的大雪，似乎没有什么寒冷的感觉！晏子听了便说：一个贤明的君主，自己吃饱的时候，应该要想到社会上还有饥饿没饭吃的人；自己温暖的时候，更应该想到世上还有没有衣服穿，受寒冻死的人。齐景公听到晏子这样一说，便脱掉了身上的狐裘。

贤明的人懂得对天下的仁爱，孟子曰："不仁而得国者，有之矣；不仁而得天下者，未之有也。"不施行仁政，依靠暴力取得国家的，在历史上有这样的事情，但是，不施行仁政，没有仁义，不体恤民情，还能得到天下的，从来没有过。我们讲的是"王道"，其实就是仁爱之心，这不仅是治国之道，也是我们为人之道。

孟子曾经讲：仁者无敌。仁者无敌于天下啊。天下的人都心悦诚服地归顺，好像七八月间天地大旱，禾苗枯槁，忽见天油然作云，沛然下雨，禾苗浡然而兴，人也是这样，遇到仁爱的人，天下之民，引领而望之。人民归心好像万川归海，谁能阻挡？

孟子希望王能以己之心，去体会天下他人之心。以前读范仲淹的《岳阳楼记》时有这样一句话，让我们记忆深刻："先天下之忧而忧，后天下之乐而乐。"这句话其实是从孟子那脱胎而出的。因为古人经常会读孔、孟，这些道理都是铭记于心的。

《孟子》里还有这样一段话。齐宣王见孟子于雪宫。王曰："贤者亦有此乐乎?"意思是说：那些有道德的贤者也有这样漂亮的宫室吗？能享受这样的快乐吗？齐宣王很自满，但是孟子一点都没有怯场，因为他的内心有自己的东西。

孟子对曰："有。人不得，则非其上矣。不得而非上者，非也；为民上而不与民同乐者，亦非也。乐民之乐者，民亦乐其乐；忧民之忧者，民亦忧其忧。乐以天下，忧以天下，然而不王者，未之有也。"

孟子回答说：有的。民众要是得不到这样的快乐，就会埋怨他们的国君。得不到这种快乐就埋怨国君是不对的；可是作为国君而不与民同乐也是不对的。国君以老百姓的快乐为快乐，老百姓也会以国君的快乐为快乐；国君以老百姓的忧患为忧患，老百姓也会以国君的忧愁为忧愁。最后一句话很重要：以天下人的快乐为快乐，以天下人的忧愁为忧愁，做到了这些还不能使天下归服他的，是从来不曾有过的。孟子这段话把一个很高的境界、很深的道理讲出来了。

孟子还说过独乐乐不如众乐乐的话。孟子曰："独乐乐，与人乐乐，孰乐?"王曰："不若与人。"孟子曰："与少乐乐，与众乐乐，孰乐?"王曰："不若与众。"

天下之道，就是仁与不仁之道。最后的结果就是治乱安危，至此分也。所以，孟子劝说齐宣王：王统治六国不要用暴力，要用仁德。王说：先生，我糊涂了，我不明白了，人人都是拿枪统治天下，把他国灭了，收为己有。而您现在说我以武力平治天下是缘木求鱼，我就不明白了。您说一说这是什么道理呢？

孟子说，天下归顺你，这样你才能够统治天下的人。这说的是感召力，是德教，近者悦，远者归。

其实，中国古代经典讲人生，也是在讲治理国家，讲为政。《论语》中第一篇是“学而”，第二篇就是“为政”。孟子讲的很多道理都是对国王讲的，跟大夫、诸侯讲的，因为他的理想就是要平治天下。

孟子曰：“禹思天下有溺者，由己溺之也；稷思天下有饥者，由己饥之也；是以如是其急也。”

大禹想到天下那些被洪水淹没的人，好像是自己使他们淹没一样。他着急，天下人遇到洪水怎么得了，流离失所，家破人亡，感觉自己没有能力救他们，都是自己的错。想到天下那些挨饿的人，稷就觉得好像是自己使他们挨饿一样。所以，他们的仁心对拯救百姓是如此的急迫。

孟子总结说，“孔子曰：‘道二，仁与不仁而已矣。’”

孔子说：治理天下的道理只有两种，就是行仁政与不行仁政罢了。

仁政就是正道，此正道者，正如《中庸》上的这样一句话：“道也者，不可须臾离也，可离非道也。”

道是什么？道是时时刻刻都不能离开的；能离开的，那就不是道了。

如果不仁，会是什么结果呢？孟子说：天子不仁，不保四海；诸侯不仁，不保社稷；卿大夫不仁，不保宗庙；士、庶人不仁，不保四体。

孟子所说的仁义就是道，他认为“道”是天下的规矩、尺度，并不是迁就人的东西。对尺度要有一个敬畏，不是想改就能改的。

在《离娄》章句上，孟子曰：“规矩，方圆之至也；圣人，人伦之至也。”

圆规和曲尺是画方圆的标准，圣人的话就是人伦、道德的标准，有些东西是不可以变的。人的道德如此，治世的道理亦如此。

其实，人世基本的道理，做人基本的底线，能够轻易越过吗？我觉得不能越过，任何人都不能越过。比如，“不可害人”，这就是人伦的基本道理。孟子反复讲这些道理，力图说明为什么人要敬畏这些法度，为什么人要追寻先王之法。

孟子在《滕文公》章句下曰：“居天下之广居，立天下之正位，行天下之大道。”

居天下之广居，并不是住在天下最大的房子里，而是指仁义就是人的广居。立身在天下最中正的位置上，说的就是你的德行。行走在天下最广阔的大道上，因为义是人的正路。

第十四章

他人有心

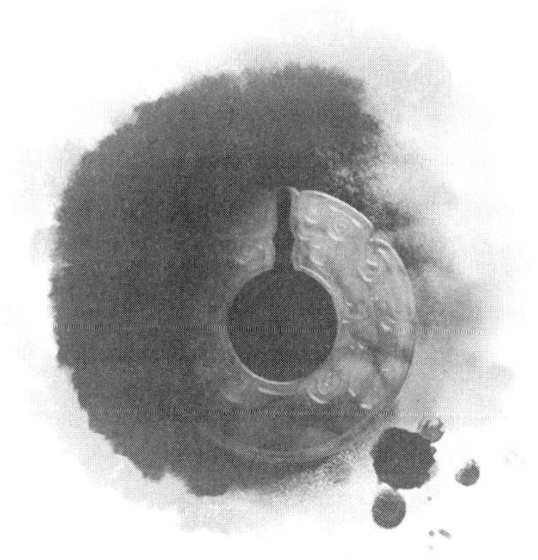

他人有心，予忖度之。我们为什么会想着关切他人？人与我的纽带在哪里？此岸与彼岸的桥梁在哪里？我为什么要爱我的邻居和身边的人？

别人心里想什么事情，我们为什么要去知道呢？我们为什么要去理解别人呢？去同情别人呢？为什么要去站在他人的立场上看问题、想问题呢？

我觉得天下之难就难在知人知己，更难的是用自己的心去体会、理解别人的心情。

我们读《论语》的时候，夫子说“吾道一以贯之”，就是“忠恕”二字。所谓“忠”就是“己欲立而立人，己欲达而达人，己所不欲，勿施于人”。一个仁者，自己想站立，也会帮助别人一起站起来；自己想通达，也会帮助别人一起通达。自己不想要的，不要强加给别人。凡事能设身处地去理解他人，可以说就是到达仁的方法了。就是用自己的心去推导、去聆听、去理解别人的心。孟子也继承了这个道统。

开始时，大家可能觉得对“他人有心，予忖度之”有点好奇，你要探究别人想什么呢？其实不是这个概念，而是经常换位思考，要站在别人的立场上看问题、想问题。

作为一国之君，要国家稳固、人民安康，要知道人民想什么，盼望什么。我们与人交往，要想使事业成功，我们要理解他人的立场、想法，他人的诉求。其实，整个社会管理、商业运作也好，各个方面的事业运作也好，归根到底在于人和人的心灵要能够相通、能够沟通。

我想起金融海啸时的一个例子，有家企业把爱心放在第一位。我看到老板写在公司通告板上的一句话，让人非常的感动，他说：别担心，裁员不在危难时，要裁员老板第一个先走；别发愁，减薪不在风雨时，要减薪，董事成员应当首。意思是：每个人都是公司的手足，风雨中我与你同舟。

这里讲的是公司的老板要站在员工的立场上去想问题。很多员工会很不安，说：完了，公司要垮了，我将何往？我将何以立足？我将何以立身？有的公司会说：你与我何干，我把钱给你就可以拜拜了，我只会保护公司的利益，不会想员工的利益。如果这么做，公司和员工之间的沟通纽带就完全切断了。但是这个老板换位想到了员工的诉求、心情，你有你的想法，我试着站在你的立场上去想象一下，我将如何来说，我将如何来做，这就是暗合了孟子之意。

几千年前，孟子就洞察到了这一点，我们看看孟子是如何与齐宣王对话的。

齐宣王曰："齐桓、晋文之事可得闻乎？"

孟子对曰："仲尼之徒无道桓、文之事者，是以后世无传焉。臣未之闻也。无以，则王乎？"

齐宣王问孟子：齐桓公、晋文公春秋争霸的事情，您可以讲给我听吗？君王都很关心称霸的事情。

孟子回答道："孔子的学生从不谈论齐桓公、晋文公称霸之

事，所以没有传到后世来，我也没有听说过。大王如果一定要我说，那我就说说以德行来称王天下的王道吧？”

宣王曰：“德何如，则可以王矣？”宣王说：什么样的德行才可以统一天下而称王呢？孟子的回答是：仁心仁德。

“保民而王，莫之能御也。”这是一句振聋发聩的话。一切为百姓生活安定而努力，这样去称王天下，没有人能够抵御。意思就是“‘仁者无敌。’王请勿疑！”仁者是没有对手的，所以王不要对这个有什么怀疑。

宣王问：像我这样的人能使百姓生活安定吗？

孟子说：能。

宣王说：您怎么知道我可以呢？

孟子说，大臣胡龁告诉我一件事情，说有一次王坐在大殿上，有人牵着牛从殿下走过，那头牛瑟瑟发抖。王看见了，便问：“牵着牛往哪里去啊？”那人就说：“准备宰了，祭钟，所以它发抖。”王说：“放了它吧。看到那恐惧、哆嗦、可怜的样子，毫无罪过，却被牵去送死，我实在于心不忍呀。”那人说：“难道要废除祭钟的礼仪吗？”王说：“怎么可以废除呢，用只羊来代替吧。”“以羊易之”！仁与礼的纠结。礼是不可废的，然而不忍之心却永远能找到它的出路。

王十分不忍心，君子之于禽兽，见其生，不忍见其死；闻其声，不忍食其肉。

孟子说：有这颗心就足以称王了。这就是恻隐之心，不忍之心。即使是一个动物，一个牲畜，也不忍它受苦，不能亲眼见它死。

行起源于心，王这种不忍之心正是仁爱之心。有此心，君子对于禽兽，看见它们活着，就不忍心看到它们死去，听到它们的哀鸣，就不忍心吃它们的肉。

王曰：“《诗》云：‘他人有心，予忖度之。’夫子之谓也。夫我乃行之，反而求之，不得吾心。夫子言之，于我心有戚戚焉。此心之所以合于王者，何也？”

宣王很高兴得到孟子的赞许，他说：《诗经》上说，别人有什么样的心情，我能够揣摩到，说的正是先生啊。我自己是这样做的，但是我自己不知道为什么要这样做，只是觉得心中不忍，说不出所以然来。您这么一说，我的心豁然明亮了。不忍之心和王道相合，又是什么道理呢？

王啊，您有这个恩泽之心、慈善之心，称王天下有什么难呢？只是，王啊！我有一个问题。

孟子说，假如有人跟你讲，他能举起三千斤的担子，却拿不起一根羽毛。您相信吗？如果有人能够看清秋毫之末，却看不见眼前的[illegible]车木柴。您相信吗？

宣王说：不信。

孟子说，如今王的恩惠足以施及禽兽，却不施及百姓，这是为什么呢？

你可怜一头牛的性命，但是看到饿殍遍野却毫不动心，这是怎么回事呢？王的恩惠恩泽在哪里呢？能举起三千斤的担子，却举不起一根羽毛，那是因为不肯用力气；能看见秋毫之末，却看不见一整车木柴，这是不肯用眼睛；看见饿殍遍野却毫不动心，这是不肯用恩推恩。想一想，我们是不是凡事尽了我们的心力和眼睛？我们有没有关注人，很认真细致地去思考人的问题？不仅用力气，用眼睛，还要懂得施恩、懂得用恩。

人生有多少事情是我们能做，却不去做的呢？有多少事情是应该用心，却不去用心的呢？许多事情不是我们做不到，关键是有没有这颗施恩的心，有没有这颗怜悯的心、慈悲之心、不忍人受苦的心。你若有这颗心，很多事情就会去改善，使它变得更美好，使人民的生活变得更富足，使人民心情更舒畅。必须培养这颗爱心，你才能看到、想到，否则就会熟视无睹。

很多朋友可能跟齐宣王一样，有一个疑问："不为者"与"不能者"有何差别？

不能者和不为者有很大的差别。

孟子曰："挟太山以超北海，语人曰'我不能'，是诚不能也。为长者折枝，语人曰'我不能'，是不为也，非不能也。故王之不王，非挟太山以超北海之类也；王之不王，是折枝之类也。"

打个比方，把泰山夹在胳膊底下跨越北海，这件事的确没有人能办到；但是为老人家折一根树枝，你说这个我办不到；或者搀着扶着老人一下，你说这个我办不到。这是不去做，而不是做不到。王，你不行仁政以王天下，不属于挟泰山超北海一类，是属于为老人折枝一类，您是可以做到的，只是看您有没有这份心，您愿不愿意做而已。您愿意推恩于四海，那您就完全可以行仁政、王天下了。

孟子曰："老吾老，以及人之老；幼吾幼，以及人之幼。天下可运于掌。"将心比心，把恩惠推广开去，便足以安定天下了。如果不这样做，甚至连自己的妻儿都保护不了。

古代的圣贤之所以远远地超出了一般的人，其实没有别的诀窍，只是他们善于推恩，将心比心，能近取譬罢了。

孟子曰："权，然后知轻重；度，然后知长短。物皆然，心为甚。王请度之！"

什么东西都要称一称才知道轻重，量一量才知道长短，万物皆如此，人的心更是这样，所以请王量量自己心的长短厚薄吧。

为政以德，平治天下，众星拱之。王你知道禾苗的生长吗？七八月间，天地干涸了，禾苗就要枯萎了，如果天油然作云，沛然下雨，而苗浡然兴之矣。天聚集浓云，下起滂沱大雨，禾苗就会蓬勃生长。这可以用四个字形容：云霓之望。人们踮起脚、伸长脖子来看云彩有没有带来雨水滋润大地，这叫"云霓之望"，期盼仁德的人，如同期盼云彩，期盼春雨。

第十五章

仁义礼智根于心

仁义礼智是出自哪里？是在心内还是在心外？是我们的宿命，还是人生的点缀？

孟子曰："君子所性，仁义礼智根于心。"君子的本性"仁义礼智"都是根植于内心的。

我们看一棵参天的大树，是因为它的根系扎在土地上；我们看一个人能够在任何情况下正道直行、仗义执言，是因为他长期的教养和心性的培育。

孟子在《告子上》中说："恻隐之心，人皆有之；羞恶之心，人皆有之；恭敬之心，人皆有之；是非之心，人皆有之"，这四心就是"仁、义、礼、智"。"仁义礼智非由外铄我也，我固有之也。"这善良的四端是自己内心所固有的东西，就像人们有四肢一样那么的自然。

人心性善良的四端好比灵性生命的源泉，是根植于内心的。这样的话，我们要从内心里去找它生命的意义。这是孟子和别人不同的地方。

仁的博爱，是温柔宽厚的心。义的浩然，是刚毅正直的心。礼的和美，是恭敬和谐的心。智的明辨，是明哲睿智的心。信的诺言，是天下至诚的心。

我们曾经听过揠苗助长的故事，宋人担心禾苗长不高，就把禾苗拔高了。回来之后说，累死了，我今天帮助禾苗生长了。结果，儿子跑到田里一看，禾苗都枯槁了。

仅仅凭借外力帮助一个事物生长，就跟拔高禾苗的宋人是一样的，不仅没有益处，反而会伤害它。那怎么样来着手呢？就要养心、养气，从内在的心性来进行培养。

仁义礼智，如同禾苗一样是根植于心的。人要内外兼修，诚内而形外，才能够成为一个真正的仁人君子。

那么，有什么样比较简单的功夫可以使这种内心的仁义行出来不变色、不走样、不会违背我们的本性呢？有一个简便易行的良方就是充实我们的不忍之心。

孟子曰："人皆有所不忍，达之于其所忍，仁也。人皆有所不为，达之于其所为，义也。"

人皆有不忍人之心，不忍让人受苦的心，将这颗心放在他做的事上，那就是"仁"；将他的不肯为推及到他做的事上，就是"义"。

把我们这颗爱人的心放在任何我们所做的细小的事上，这就行了，圆满地实现了"仁"。人见到不好的、邪恶的事情不去做，这就是"义"。

打个比方：有人养含有瘦肉精的猪，这是害人的。在审判的时候，法官问他说：你们家人吃不吃？不吃。你吃不吃？不吃。你的孩子吃不吃？不吃。但是卖给人家吃。他对自己的儿女是慈悲的，但是对别人的儿女是残忍的。

我们要问自己的心，你既然对自己的儿女慈悲，为什么不能对天下人的儿女慈悲呢？孟子说，你杀了人家的父兄，人家不会杀你的父兄吗？"己所不欲，勿施于人"这句古训要记取。

我们想想，太阳出来的时候，有哪一处不被照耀呢？水泻千里的时候，有哪一处缝隙不被淹没呢？为什么我们的心不对所有细微的事物都加以慈悲心，而有这么大的分别心呢？这种分别心是不对的。

敏感的道德心是这样的：我看到有人要做坏事了，我的心立刻警觉起来，觉得不能这样做，这样会害人的，我立刻就不去做了。这不就是不忍人之心吗！这个人不能杀，杀一无辜，是不仁不义，我这颗不忍心出现了，我就可以住手了，就可以悔悟了。这不就是仁义之心吗！这有何难！佛家说放下屠刀立地成佛；儒家说，良知呈现就不会去害人。孟子给我们的就是非常简易的功夫，把这颗心呈现出来就好了，问一问自己就行了。

孟子曰："人能充无欲害人之心，而仁不可胜用也；人能充无穿窬之心，而义不可胜用也；人能充无受尔汝之实，无所往而不为义也。"

人要是能扩充不想害人的心，那仁就用不尽了；如果人要是能扩充不做盗贼的心，那义就用不尽了；如果人能够扩充不受人轻贱的行为，无论做什么都不会不合乎义了。

《圣经》上说："爱，就是不加害于人。"这与孟子所说的是完全一致的。

你内心没有害人的心，仁义就到了。你不想挖洞跳墙，不想谋人的钱，不想害人的命，那义就用不尽了。这两句话说得可谓是直截了当，而且又一针见血。

做每件事都要想着对老人家、对朋友、对孩子、对同事、对陌生人都要有这颗心。不要去害人，不要做瞒心昧己、不合天理之事。不要做谋财害命之事。人要检点、反省，将此心不为的念头扩充到极处，则仁义用不完了。

如果这件事过不了我的心，我宁愿死也不愿意做这件事情，这就是义了。

实际上，这是非常简单的。只是，说起来简单，做起来却不简单。三岁小孩说得出，八十老翁行不得。

或者说在某些时候做起来挺简单，但是一辈子都坚持这个原则，任何时候不违背，是很不简单的。

这是对心性很大的考验，特别是要对自我进行反省。

孟子说：要有怜悯之心，要有自我反省之心。说到自我反省之心，“羞恶之心”是很重要的。

孟子讲的这四心是很有讲究的。有恻隐之心，就是仁爱之心；有羞恶之心，检查自己做得对与不对；辞让之心，对人礼敬不礼敬；是非之心，这事办得对不对，是善还是恶。

这其中，羞恶之心很紧要。

中国文化中有“耻感”。比如：我不能昧着良心做这件事，我感觉有羞耻感，就不做了。而西方有“罪感”文化，比如：我有罪了，我要忏悔。

中国的文化，一个人必须要有“耻”。有耻便是德，这才是君子。

孟子在《尽心》章句上说：“人不可以无耻。无耻之耻，无耻矣。”

人不可以没有羞耻心，这是人性内在的源泉。没有羞耻之心的可耻是真正的可耻。明明知道错了，但是还要继续做，那就是惯犯了，是真正的无耻。

孟子曰：“耻之于人大矣！为机变之巧者，无所用耻焉。不耻不若人，何若人有？”

孟子认为，羞耻心对人来说太重要了！玩弄机巧诈术，干那些无操守之事，又自以为巧妙的人，自己根本就是没有羞耻心的。你自己不及别人，你做这种无操守之事，还以为自己得计了，只会深陷罪恶，你怎么能比得上正人君子呢？

人做好事，行正道，关键是要有一个羞耻心的约束。有耻，才能有种种合乎道义的德行。

羞耻之心关系到人品、心术，关系甚大。记得有一句话叫做：“大节一亏，万事瓦裂。”大节亏欠了以后，所有的事情立即土崩瓦解，没有人再信任你了。你再怎么补救，都是非常难了。

瓦裂了，能补救吗？珠玉碎了，能还原吗？你曾经欺骗过别人，别人还能够轻易地相信你吗？

羞恶之心是人内在的东西，人经常会表现出两面性，表面一套，背后一套。孟子是一个善于描绘的人，他为我们讲了一个非常好的故事。

孟子曰：齐人有一妻一妾而处室者，其良人出，则必餍酒肉而后反。其妻问所与饮食者，则尽富贵也。其妻告其妾曰：“良人出，则必餍酒肉而后反；问其与饮食者，尽富贵也，而未尝有显者来，吾将瞷良人之所之也。

蚤起，施从良人之所之，遍国中无与立谈者。卒之东郭墦间，之祭者，乞其余；不足，又顾而之他——此其为餍足之道也。其妻归，告其妾曰：“良人者，所仰望而终身也，今若此。”与其妾讪其良人，而相泣于中庭，而良人未之知也，施施从外来，骄其妻妾。

由君子观之，则人之所以求富贵利达者，其妻妾不羞也，而不相泣者，几希矣！

齐国有一个人，家里有一妻一妾。那丈夫每次出门，必定是吃得饱饱地，喝得醉醺醺地回家。他妻子问他一道吃喝的是些什么人，据他说来全都是些有钱有势的人。他妻子告诉他的妾说："丈夫出门，总是酒醉肉饱地回来；问他和些什么人一道吃喝，据他说来全都是些有钱有势的人，但我们却从来没见到什么有钱有势的人物到家里面来过，我打算悄悄地看看他到底去些什么地方。"

第二天早上起来，她便尾随在丈夫的后面，走遍全城，没有看到一个人站下来和她丈夫说过话。最后他丈夫走到了城东郊的墓地，向祭扫坟墓的人要些剩余的祭品吃；没吃饱，又东张西望地到别处去乞讨——这就是他酒醉肉饱的办法。

他的妻子回到家里，告诉他的妾说："丈夫，是我们指望过一辈子的人，现在竟是这样的！"二人在庭院中相对哭泣，而丈夫还不知道，得意洋洋地从外面回来，在他的两个女人面前摆威风。

在君子看来，人们用来求取升官发财的方法，恐怕和这也差不多！

有一句话说得特别好："良人者所仰望而终身也，今若此。"意思是说，丈夫本是我们终身依靠的人哪。读后令人毛骨悚然。因为很多的人是我们所仰望的人，觉得是我们可以依靠的人，但是最后发现真面目的时候，令所有的一切都土崩瓦解。这是多么恐怖的事情啊。

张居正评价说：人之常情，在大庭广众之下就粉饰太平，在黑暗之中就行苟且之事。

张居正又说：“往往不知自耻，而人耻之；不暇自卑，而人卑之。”往往自己还不知道羞耻，让人家耻笑你。自己没有时间去考虑自己可悲，人人都唾骂你。

孟子要教天下人，只有扩充其羞恶之心，才能养其至刚至大之气。要做大丈夫，而不能为富贵利达所动摇。

如果那些身外之物使你的内心动摇，如果你被物欲所牵引，抛弃礼义，就只能做无耻之徒，最后自取其辱。

孟子曰：“人必自侮而后人侮之。”

人自己做了作奸犯科的事情，自己侮辱了自己的人格，然后人家才会来侮辱你，人为什么要自取其辱呢？

我们讲“仁义礼智根于心”，心是一切的源泉。在孟子看来，人要养仁爱之心、礼敬之心、是非之心，尤其要养羞耻之心，没有这颗心就没有一切。

孟子的教诲无论在什么时候，我想对我们的教育意义都是不过时的。

孟子讲的仁义礼智根于心，对中国文化的走向，对中国人心理特征的形成有着什么样的影响和意义呢？

在哲学层面上，这其实是一个非常大的影响。孟子直接开启了我们的心学，也影响到了禅宗。

《坛经·疑问品第三》里说：“一日，韦刺史为师设大会斋。斋讫，刺史请师升座，同官僚士庶，肃容再拜，问曰：‘弟子闻和尚说法，实不可思议。今有少疑，愿大慈悲，特为解说。’”

韦刺史为惠能大师设斋，说：大和尚，您的说法太高妙了，真是不可思议啊，我有一些小小的疑问请为我解说吧。

弟子常见僧俗念阿弥陀佛，愿生西方，上极乐世界。大和尚您说像这样念佛到底能不能转生西方极乐世界呢？

惠能大师说，因为众生有迷和悟的差别，所以见性就有快慢的不同，执迷的人求佛向往西方净土，而觉悟的人只求自净其心。所以，佛说：随着自心清静，佛土清静。对于东方人来说，只要能使心清静就没有罪孽；反过来说，即使是西方人，如果心不清静，一样是有罪过的。东方人造了罪孽，想念佛、求神去西方极乐世界去。那么问一句：西方人造了孽，念佛、求神去哪一个国度呢？凡夫愚人，不能了悟自性，不能使自己心中生有净土。其实，觉悟的人到哪里都一样是净土。

只要你这颗心是清静的，那么此地就是净土。只要心地善良，西方净土就离我们不远了；如果怀不善之心，念佛也难以达到。

孟子讲的“不忍人之心”和“羞恶之心”是我们保持正道的很重要的一道防线。但是我们知道，人有的时候其实是很软弱的，人性也是很容易被击溃的。

如果人泯灭了自己的羞恶之心，还有没有其他可以依靠的东西呢？以当代的眼光来看，还需要信仰、法治，但在孟子那里，他只依靠良知呈现。

孟子说：人只要修，只要养心、养气，是不可能泯灭羞恶之心的，他是非常信这颗心的。通过开掘心性就能解决问题了。

“有为者辟若掘井，掘井九轫而不及泉，犹为弃井也。”

孟子说：有作为的人好比掘井，井掘得很深却挖不到泉水，那就是废井。所以，还要继续挖。还要继续修炼。

孟子认为，人一定可以通过修养来达到这一点，不假外求。但是西方人不是这么认为的。西方人认为：人性是软弱的，人靠自己可能是靠不住的。《罗马书》里说："我也知道在我肉体里是没有良善的，即使为善由得我，但是行出来由不得我。故此，我所愿意的善我反不做，我所不愿意的恶我倒去做。觉得内心肉体的律和身体中的另一种律在交战着，让我服从肢体所犯罪的律。我真是苦啊，谁能救我，让我脱离这驱使的身体呢？"

人内心里有一个纠结，即肉体的律和灵魂的律在交战着。所以，人是处在挣扎之中的。人处在天地之间，处在上帝的律令、人间的法律和内心的道德律的交战之中。

其实这种人心的挣扎，人性的悖论，东西方是一样的，只是出发点不同，解决之道相异。

东方和西方，殊途同归。

后　记

广播是我的职业。十几年来，我始终怀着一个新闻记者的责任与真诚，与深圳这座城市共同成长。

今天，当这本书完稿的时候，我心中充满感激。衷心感谢深圳广电集团的领导和同事们对我的关心、支持，感谢所有朋友给予我的呵护、帮助！做我们广播这行的有一句话：Voice is Power。声音就是力量。但这声音必须出自良知，才能让人感动。人是天地的心，新闻工作者是社会的良心。从做新闻工作的第一天起，我从来没有把自己限制在直播间里，而是怀着一个新闻记者的使命和良知，贴近现实生活，关注着人们的生活状态，用眼去看，用心去思。

从业二十多年了，我做过多种类型的广播、电视节目。虽然节目风格不同，但是，做每个节目，我总是把握两条：思想的高度和心灵的厚度。做一个新闻工作者不仅需要责任与热情，也必须具备内心的深沉与丰富，这样才能对世态有冷静的观察，对人生有真切的体会，目光敏锐，贴近大众，去挖掘生活中真正有价值的新闻，去倾听来自社会的声音。

电波是路，心灵是桥，直播间通向广阔复杂的社会。一个时政节目主持人，面对社会问题，要充满智慧，能够体现公正；面对弱者，要充满关怀和善良，用温暖的话语，真诚地帮助群众解决实际困难。在话筒前，我就是他们的朋友，和他们一起谈生活，谈生活中的烦恼；有时，又要动之以情，晓之以理。特别重要的是，新闻工作者必须具备一定的理论和人文素养。我主持的《理论与实践》（后改为《希望对话》）节目差不多9年了，反响很好，比如《以人为本的哲学——科学发展观》、《论语》、《孟子》等等，很多人听后，都说非常感动，受到很多启发。这个节目之所以成功，就是因为我们以贴近生活、贴近人心的方式来解读古圣先贤的人生哲理，在人们心中引发回味。

预言家诺曼·托马斯有句名言："想生活过得有意义，有个秘诀，就是有正确的信仰。"在这个转型时期，构建正确的信仰需要坚强的心和不倦的努力。祈望我们的每一期节目，不仅能够触摸到时代的脉搏，还能让大家感受到我们发自灵魂的呼唤。

主要参考书目

1. 朱光潜译：《柏拉图文艺对话集》，北京，人民文学出版社，1959 年版。

2. 《孟子注疏》，（汉）赵岐注解，（宋）孙奭疏。

3. 汤用彤：《儒学·佛学·玄学》，南京，江苏文艺出版社，2009 年版。

4. 冯友兰：《三松堂全集》（第十一卷），郑州，河南人民出版社，2000 年版。

5. 张岱年：《张岱年全集》（第六、七卷），石家庄，河北人民出版社，1996 年版。

6. 余英时：《现代儒学的回顾与展望》，北京，三联书店，2012 年版。

7. 牟宗三：《心体与性体》，上海，上海古籍出版社，1999 年版。

8. 钱穆：《先秦诸子系年》，北京，商务印书馆，2001 年版。

9. 钱穆：《孔子与论语》，北京，九州出版社，2011 年版。

10. 钱穆：《四书释义》，北京，九州出版社，2010 年版。

11. 杨伯峻：《孟子译注》，北京，中华书局，2006 年版。

12. 杨伯峻：《孟子译注》，北京，中华书局，1980 年版。

13. 宁镇疆注释：《孟子》，郑州，中州古籍出版社，2007

年版。

14. （宋）朱熹撰，金良年今译：《四书章句集注》，上海，上海古籍出版社，2006 年版。

15. 钱逊：《〈孟子〉读本》，北京，中华书局，2010 年版。

16. 陈来：《古代思想文化的世界——春秋时代的宗教、伦理与社会思想》，北京，三联书店，2002 年版。

17. 陈来：《有无之境——王阳明哲学的精神》，北京，三联书店，2009 年版。

18. 马积高：《荀学源流》，上海，上海古籍出版社，2000 年版。

19. 张辉松：《庄子译注与解析》（上下），北京，中华书局，2011 年版。

20. 宣方：《金刚经译注》，北京，中华书局，2012 年版。

21. 魏道儒：《坛经译注》，北京，中华书局，2010 年版。